高 等 学 校 教 材

专 科 适 用

工程地质与水文地质

南昌水利水电高等专科学校　邓学成

武 汉 大 学　　孙万和 权宝增　合编

中国水利水电出版社
www.waterpub.com.cn

内 容 提 要

本教材共分七章，其主要内容有：岩石及其工程地质性质；地质构造；水流地质作用及地貌；地下水；库区与坝区渗漏问题；岩体稳定的工程地质分析；水文工程地质勘察及坝址选择的工程地质评价。

本教材适用于水利水电工程建筑专业及农田水利工程专业，也可供水利水电类及其它有关专业的师生和工程技术人员参考。

图书在版编目（CIP）数据

工程地质与水文地质/邓学成，孙万和，权宝增编．
北京：中国水利水电出版社，1992（2016.7 重印）
高等学校教材．专科适用
ISBN 978-7-80124-630-1

Ⅰ．工… Ⅱ．①邓…②孙…③权… Ⅲ．①工程地质-高
等学校-教材②水文地质-高等学校-教材 Ⅳ．P64

中国版本图书馆 CIP 数据核字（2007）第 048115 号

高 等 学 校 教 材
专 科 适 用
工程地质与水文地质

南昌水利水电高等专科学校　邓学成
武　汉　大　学　孙万和　权宝增　合编

*

中国水利水电出版社出版发行
（北京市海淀区玉渊潭南路 1 号 D 座　100038）
网址：www.waterpub.com.cn
E-mail：sales@waterpub.com.cn
电话：(010) 68367658（营销中心）
北京科水图书销售中心（零售）
电话：(010) 88383994、63202643、68545874
全国各地新华书店和相关出版物销售网点经售
北京市北中印刷厂印刷

*

184mm×260mm　16 开本　12 印张　276 千字　2 插页
1992 年 6 月第 1 版　2016 年 7 月第 13 次印刷
印数 35121—37120 册
ISBN 978-7-80124-630-1
（原 ISBN 7-120-01531-1/TV·555）
定价 **28.00** 元

前　　言

本教材是根据高等工程专科学校水利水电类，水利水电工程建筑专业及农田水利工程专业的《工程地质与水文地质》课程编写大纲编写的。

在编写过程中，注意了基本理论的阐述和基本能力的培养。力求做到简明扼要，理论联系实际，并突出了岩体稳定、库坝渗漏及坝址选择等主要工程地质问题。为便于学生课外复习，每章或每节后都附有复习思考题。

参加本教材编写的有武汉大学孙万和（绪论、第六、七章）、权宝增（第二、三章）和南昌水利水电高等专科学校邓学成（第一、四、五章）。由邓学成统稿。

本教材由长春水利电力高等专科学校金国宝主审。

本教材在编写过程中，编者曾广泛地向兄弟院校征求过意见，不少教师对本教材提出了许多宝贵的建议。另外，编写时引用了部分教材的插图资料。在此一并致谢。

由于时间仓促，编者水平有限，不当之处，恳请批评指正。

编者

1991 年 8 月

目　录

绪　　论

一、工程地质与水文地质在水利工程建设中的作用和任务

工程地质学是研究与工程规划、设计、施工和运行有关的地质问题的科学。水文地质学是研究地下水的科学。

与水工建筑有关的工程地质问题较多，一般可概括为岩体稳定和库坝渗漏两个主要问题。

任何工程建设都是在各种地质环境中进行的，工程建筑物与地质环境之间必然产生相互影响和制约。为保证建筑物的安全和正常运用，建筑物地基及其附近岩土体的稳定是先决条件。

在各种建筑物中，水工建筑物，特别是拦河大坝对地质条件的要求最严格。到 1980 年底，全世界坝高超过 100m 的大坝共 428 座，我国有 25 座。高坝、大库及大跨度水电站地下厂房的兴建，对地基或围岩的地质条件提出了更高的要求。由于水工建筑物的规模大、荷载重，在地基内将产生很高的应力。例如，一座 100m 高的混凝土重力坝，最大的坝基应力可以超过 2500kPa，每米长的坝体上将承受 5000t 的静水压力。如果坝长 300m，总压力将达百万吨的量级。因此，重力坝要求坝基岩体应有足够的承载力，并应在库水的强大推力下不致滑动失稳。

在水利工程建设中，如果对地质问题重视不够，将会产生严重后果。七十年代有一份国外统计资料，把大坝失事的原因分为十类，其中四类与地质问题有关：因坝基失事的大坝占统计总数的 40%；不均匀沉陷失事的占 10%；滑坡失事的占 2%；地震失事的占 1%。以上与地质条件有关的合计占 53%。例如，1959 年法国马尔帕赛（Malpasset）拱坝的崩溃，1963 年意大利瓦依昂（Vaiont）水库近坝库岸的大滑坡，就是由于地质条件不良造成失事的典型例子。前者坝高 66.5m，1954 年建成，1959 年 12 月 2 日失事。其原因是左坝肩岩石裂隙发育，库水入渗引起很高的扬压力，导致左坝肩岩体发生破裂滑动，造成坝体全部崩溃。瓦依昂水库位于阿尔卑斯山皮阿维（Piave）河上游，库容 1.7 亿 m^3，坝高 265.5m，为当时世界上最高的双曲拱坝。水库于 1960 年 11 月开始蓄水，1963 年 10 月 9 日夜水库左岸的托克山发生了 2.5 亿～3 亿 m^3 的巨大滑坡，下滑速度达 25～30m/s，历时仅 20s。滑体落入水库时溅起滔天巨浪，最大涌浪高度超过 250m。过坝水层厚一百余米，库水以三百余米的水头向下游倾泻，奔腾怒吼，犹如出膛的炮弹，声似数千辆火车奔驰。6 分钟后，位于下游 3 公里的朗格伦镇被夷为平地，电站的工作人员及住宿人员 60 余人全部遇难。中小型水库，由于地质条件不良或施工方法不当出现事故的例子也是很多的。如印度的纳纳克萨加（Nanaksagar）土坝，高仅 15.9m，由于坝基产生管涌破坏，使坝体决口冲毁，造成下游 32 个村镇的居民流离失所。我国四川的陈食水库，为一浆砌条石连拱坝，由于清基不彻底，导致 3 号拱基产生管涌，使坝基向下冲蚀 7m 多深，继而危

及坝体，形成了一个贯通坝体和坝基的高 15m 宽 8m 的大洞，近百万方库水在 10 几分钟内渲泄一空。

我国水利水电资源非常丰富，据 1989 年的资料统计，已建成各类水库共 82848 座，其中大型水库有 358 座。上述工程分布在各种不同的地质条件地区，遇到了许多复杂的工程地质问题。如复杂地基的稳定问题，高坝岩基的应力应变与坝基稳定问题，高边坡及大跨度地下洞室围岩的变形与稳定问题，河床的深厚覆盖层及石灰岩地区的渗漏问题等。

实践证明，工程地质资料是水工建筑物设计依据的重要基础资料之一，为保证建筑物的安全经济，必须在设计之前首先进行工程地质勘察。我国由于重视选址的工程地质勘察及施工中的基础处理工作，在地质条件较为复杂的地区，成功地修建了许多水利水电工程。例如，规模宏大的葛洲坝水利枢纽，就是建在含多层软弱夹层的地基上。由于地质工作做的深入细致，查清了软弱夹层的空间分布规律及其物理力学性质，从而做出了合理的设计。坝高 165m 的乌江渡水电站，坝址为岩溶发育的石灰岩，由于查清了坝址区的地质条件，为防渗设计提供了正确的地质资料，保证了工程的正常运转。

反之，如果不重视工程地质勘察，则会给工程带来很大的风险。严重时会造成灾难性事故，或受地质条件的限制延长工期增加投资，或漏水量过大影响工程效益的发挥。如我国五十年代修建的黄檀口水库，前期地质工作不太深入，在基坑浇筑时才发现左岸为一规模较大的滑坡体，这时改线已不可能，不得不进行昂贵的工程处理。国内外还有许多修建在石灰岩地区的水库，库水严重漏失或根本不能蓄水的例子。

为解决上述问题，水利工程地质工作的主要任务是：

1）查明建筑地区的地质条件，选择地质条件优越的建筑物场址。在水利工程建设中，坝址选择是一项重大的决策。一个坝址的总评价，决定了能不能建坝，建什么类型的坝。

2）配合建筑物的设计与施工，确切地阐明场地的工程地质问题，提供岩土体的物理力学性质及透水性指标。根据场地的工程地质条件，对水工建筑物的布局、类型、结构及施工方法提出合理的建议。

3）提出改善和防治不良地质条件的措施与建议。

4）预测工程建成后对地质环境的影响，制定保护地质环境的措施。

水文地质学的任务是研究地下水的形成、埋藏、分布和运动规律，研究地下水的物理性质与化学成分，进而解决合理地开发利用地下水资源以及与地下水害作斗争等各种实际问题。

地下水是农田灌溉、畜牧业供水的重要水资源。幅员辽阔的华北、东北、西北地区是我国重要的农牧业基地，耕地面积占全国之半。可是，上述地区气候干燥，地表径流极为贫乏，农田水利建设，不仅需要开发利用地表水，而且需要开采利用地下水。我国南方地区，虽然降雨和地表水量比较丰沛，但分布也不均匀，在某些红层及石灰岩地区，地表水也较贫乏。如云、桂、黔等省，由于石灰岩广泛分布，岩溶发育漏水严重，大部分地表水都通过岩溶通道渗入地下，人民群众用"一场大雨千崇涝，天晴三日万山焦"，"米如珍珠水如油"等谚语来形容，水的问题往往成为改变当地面貌的关键。

在农田水利建设中，不仅要研究地下水的类型、埋藏、储量、运动等开采利用条件，还要研究地下水的动态变化及其化学成分。如果地下水位过高或水中含盐分过多，则会造成土壤沼泽化或盐碱化。不合理地灌溉，也会造成同样的恶果。过量的开采地下水，会造成地下水枯竭或引起地面沉降。

二、本课程的主要内容与学习要求

根据水利工程建筑及农田水利工程专业教学大纲的要求，本课程主要包括下列一些内容：岩石的类型及其工程地质性质；岩层生成的顺序及其在空间组合展布的规律；地表水流的地质作用及河谷地貌；水文地质学的基本知识及地下水质水量的评价；工程岩体的稳定与渗漏；工程地质及水文地质勘察的一般工作方法及坝址选择。

本课程是一门实践性很强的应用性学科，除保证必要的课堂理论教学外，室内外的地质实习及电影、录像等直观教学，是学习本课程的重要教学环节。

通过本课程的学习，应达到下列基本要求：

1）掌握一定的工程地质及水文地质的基础理论知识。

2）初步具有观察分析评价与水工建筑及农田水利有关的主要地质问题的能力。

3）初步具有分析和使用地质资料和图件的能力。

生产实践证明，不懂地质的水利工程师，不可能成为一位优秀的工程师。祖国的社会主义四个现代化建设，需要造就一批既懂地质又精通水利的专门人才。

第一章　岩石及其工程地质性质

地球是太阳系行星家族中的一个壮年成员，是一个具有圈层结构的旋转椭球体。地球由表及里可分为外圈和内圈。外圈又分为大气圈、水圈和生物圈；内圈平均半径6371km，根据地震波传播速度的突变，将其分为地壳、地幔及地核（图1-1）。

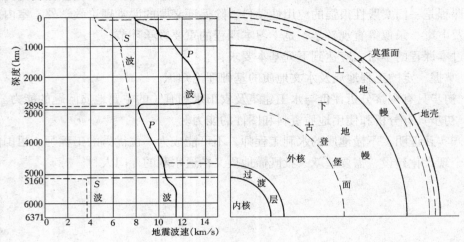

图 1-1　地球内部结构图

地核包括内核、过渡层和外核三部分，位于古登堡（Gutenberg，B）面以下直到地心，厚约 3471km，其体积约占地球总体积的 17%。据推测，地核密度为 9.7～17.9g/cm³，温度在 2000～3000℃，最高不超过 5000℃，压力可达 300～360GPa（即 300～360 万个大气压）。一般认为地核主要是由含铁、镍量很高，成分很复杂的物质组成。

地幔分上下两层，处在莫霍（Mohorovicic，A）面和古登堡面之间，厚约 2800km。其体积约占地球总体积的 82%，密度约从 3.32g/cm³ 递增到 5.66g/cm³，温度约为 1200～2000℃，压力随深度而增加，界面上压力约为 140GPa。通常认为地幔主要是由铬、铁、镍、二氧化硅等物质组成。

位于莫霍面以上的岩石和土层称为地壳。其体积约占地球总体积的 1%。地壳表面岩石处于常温、常压下，平均密度为 2.65g/cm³，往下逐渐增加，到地壳底部增为 2.9g/cm³，温度增高到 1000℃左右，压力增至 1GPa。地壳厚度各地不一，海洋区较薄，平均 7.3km；大陆区较厚平均 33km。

地壳是由各种化学元素组成的，其中主要化学元素有：氧、硅、铝、铁、钙、钠、钾、镁、氢、钛等十种，见表 1-1。所有元素，除了少数如金刚石（C）、金（Au）、硫黄（S）等以自然元素产出外，绝大多数均以各种化合物出现，如石英（SiO₂）、方解石（CaCO₃）、石膏（CaSO₄·2H₂O）等。这些天然元素和化合物，是组成地壳岩石的物质基础。岩石是由一种或多种矿物组合而成的自然集合体。地壳中的岩石，按其成因可以分为岩浆岩、沉积岩和变质岩三大类。由于岩石是由矿物组成的，因此要识别岩石，分析岩石在各种自然条件下的变化，进而对岩石的工程地质性质进行评价，就必须先了解造岩矿物。

表 1-1　　　　　　　　　　　地壳主要元素的平均含量（％）

元　素	氧 (O)	硅 (Si)	铝 (Al)	铁 (Fe)	钙 (Ca)	钠 (Na)	钾 (K)	镁 (Mg)	氢 (H)	钛 (Ti)	其它
克拉克值	49.52	25.75	7.51	4.70	3.29	2.64	2.40	1.94	0.88	0.58	0.79

第一节　造岩矿物

具有一定的化学成分和物理性质的自然元素和化合物称为矿物。其中构成岩石主要成分的矿物叫做造岩矿物。自然界的矿物很多，已发现的约有 3300 种。但造岩矿物只不过二、三十种。如石英、正长石、方解石等。

造岩矿物绝大部分是结晶质。结晶质的基本特点是，组成矿物的元素质点（原子、离子或分子），在矿物内部按一定的规律排列，形成稳定的结晶格子构造（图 1-2）。如果条件适宜，还能长出具有一定几何外形的晶体，如石英晶体等（图 1-3）。

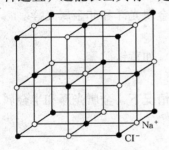

图 1-2　岩盐的内部构造

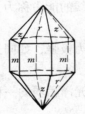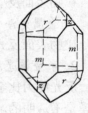

图 1-3　石英晶体

m—六方柱；r、z—菱面体

非晶质矿物内部质点排列没有一定的规律性，故外形就不具有固定的几何形态。如蛋白石、褐铁矿等。

一、矿物的物理性质

矿物的物理性质是固定的，它取决于矿物的化学组成和晶体构造。其主要物理性质有形态、颜色、光泽、解理、断口及硬度等。

（一）形态

矿物除少数为液态（如石油、自然汞）和气态（如天然气）之外，绝大部分为固态。常见的矿物形态有：

柱状——如角闪石、辉石等；

板状——如长石、板状石膏等；

片状——如云母、绿泥石等；

粒状——如橄榄石等；

土状——如高岭土等；

块状——如石英等；

纤维状——如石棉、纤维石膏等；

钟乳状——如褐铁矿等；

立方体——如黄铁矿、岩盐等；

菱面体——如方解石等；

肾状、鲕状——如赤铁矿等；

菱形十二面体——如石榴子石。

（二）颜色

矿物的颜色有自色、他色、假色之分。

自色是矿物固有的颜色，如黄铁矿呈黄铜色等。

他色是矿物中混入了某些杂质所引起的。他色不固定，随杂质的不同而异。如纯石英是无色透明的，混入杂质后就呈紫色、烟灰色等。

假色是由于矿物内部的裂隙或表面的氧化薄膜对光的折射、散射所引起的。如方解石解理面上常出现的虹彩就是假色。

（三）光泽

矿物表面反射光线的能力称为光泽。可分为金属光泽、半金属光泽和非金属光泽。

1．金属光泽

矿物表面反光能力极强，如同光亮金属表面所呈现的光泽。如黄铁矿等。

2．半金属光泽

反光能力比金属光泽稍弱的一种光泽。如磁铁矿等。一般情况下，金属光泽和半金属光泽是不透明的。

3．非金属光泽

是一种不具金属感的光泽，主要为透明或半透明矿物所具有。造岩矿物大多属于此类。通常它又可分为以下几种。

1）玻璃光泽：像普通玻璃表面那样的光泽。如方解石等。

2）金刚光泽：呈现金刚石表现的光泽。

3）油脂光泽：呈现薄油脂的光泽。如石英断口等。

4）丝绢光泽：呈现丝绢般的光泽。如纤维状石膏和绢云母等。

5）珍珠光泽：呈现珍珠般的光泽。如云母等。

6）蜡状光泽：如同石蜡表面的光泽。如蛇纹石、滑石等。

（四）解理、断口

矿物受力后能沿一定方向裂开的性质称为解理。裂开的面称为解理面。不具方向性的不规则破裂面称为断口。

解理面有一个方向、二个方向、三个方向的分别称为一组解理、二组解理和三组解理。按解理面发育程度，解理可分为：

极完全解理——矿物受外力作用时，极易沿解理面裂开，解理面平整光滑，如云母具有一组极完全解理；

完全解理——矿物受外力作用时，易于沿解理面裂开，如方解石具有三组完全解理（图1-4）；

中等解理——矿物受外力作用时，常沿解理面裂开，解理面清楚，但不平整，如长石有二组中等解理；

不完全解理——矿物受外力作用时，很难沿解理面裂开，解理面不明显，如橄榄石等。

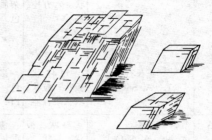

图1-4 方解石的菱面体解理

矿物解理的完全程度和断口是互相消长的，解理完全时则不显断口；反之，解理不完全或无解理时，则断口显著。断口按其形状常可分为：

贝壳状——断口似贝壳，如石英断口；

参差状——断口参差不齐，断裂面粗糙，如黄铁矿断口；

锯齿状——断口形似锯齿，如石膏断口；

平坦状——断口比较平整，如蛇纹石断口。

（五）硬度

矿物抵抗外力刻划、压入、研磨的能力称为硬度。硬度是矿物比较固定的性质。德国矿物学家摩氏（F.Mohs）将矿物硬度分为十个等级，见表1-2。

表1-2　　　　　　　　　　　　　　摩 氏 硬 度 表

相对硬度	1	2	3	4	5	6	7	8	9	10
标准矿物	滑石	石膏	方解石	萤石	磷灰石	长石	石英	黄玉	刚玉	金刚石

摩氏硬度表示的只是矿物之间的相对硬度。确定矿物硬度时，常用已知硬度的矿物与未知硬度的矿物相互刻划，比较其相对硬度。例如某矿物可刻划方解石，但不能刻划萤石，说明该矿物比方解石硬，比萤石软，硬度应为3.5度。

在野外工作时，常用以下办法来确定矿物的相对硬度，如用软铅笔（1度）、指甲（2~2.5度）、铁钉（3~4度）、玻璃棱（5~5.5度）、钢刀刃（6~7度）等。

（六）其它特性

矿物除有上述主要物理性质外，有的还具备某种独特性质。如磁铁矿具有磁性；云母片具有弹性；绿泥石片具有挠性；黄铁矿与无釉白瓷板摩擦，其条痕显绿黑色；方解石遇盐酸呈泡沸现象等。

二、主要造岩矿物的野外鉴定

鉴定矿物的方法很多，在室内有吹管分析、差热分析、光谱分析、偏光显微镜分析，以及电子显微镜扫描等。在野外由于条件所限，主要是凭借人的眼睛和一些简单工具（小刀、放大镜等），来识别矿物的物理性质，并对照矿物鉴定表，见表1-3，定出矿物名称。

序号	矿物名称	形状	颜色	光泽	解理与断口	硬度	其它
1	石英 SiO_2	块状、粒状、六方棱、柱状	无色,含杂质则显颜色	玻璃光泽、油脂光泽	贝壳状断口	7	抗风化能力强,坚硬,性脆,透明度好的晶体称为水晶
2	正长石 $K[Al·Si_3O_8]$	短柱状、板状、粒状、块状集合体	多为肉红色,也有灰白、淡黄色	玻璃光泽	两组完全解理成90°相交	6	有时呈双晶,易风化成高岭土
3	斜长石 $Na[Al·Si_3O_8]$ $Ca[Al_2Si_{12}O_8]$	柱状、板状、粒状	灰白色、深灰色	玻璃光泽	两组完全解理斜交	6	性脆,解理面上可见红、兰、绿等各色条纹
4	白云母 $K\{Al_2(OH)_2[Al·Si_3O_{10}]\}$	片状、鳞片状集合体	无色、银白色、淡黄色	珍珠或玻璃光泽	一组极完全解理	2.5~3	薄片透明,有弹性
5	方解石 $CaCO_3$	一般为菱形体,集合体有粒状、钟乳状、块状	白色、无色,含杂质则显多种颜色	玻璃光泽	三组完全解理	3	遇冷稀盐酸剧烈起泡
6	白云石 $Ca·Mg[CO_3]_2$	菱面体、集合体为粒状	灰白、淡黄、淡红色	玻璃光泽	三组完全解理	3.5~4	只与热盐酸反应,解理面多弯曲,呈鞍状,并具条纹
7	石膏 $CaSO_4·2H_2O$	板状、条状或纤维状、粒状	白色,含杂质为黄褐色、红色	玻璃或丝绢光泽	一组完全解理	2	有的透明,可溶于盐酸和水
8	高岭石 $Al_4[Si_4O_{10}](OH)_8$	块状、土状	白色,含杂质具黄褐色、浅兰色	无光泽	土状断口	1~1.5	有滑感,干时易吸水,湿时具可塑性、粘着性
9	黑云母 $K\{(Mg·Fe)_3(OH)_2[Al·Si_3O_{10}]\}$	片状、鳞片状集合体	黑色、深褐色	珍珠或玻璃光泽	一组极完全解理	2.5~3	薄片透明,有弹性
10	角闪石 $Ca·Na[Mg·Fe]_4(Al·Fe)[(Si·Al)O_{11}]_2(OH)_2$	长柱状、针状或纤维状集合体	褐、绿色至黑色	玻璃光泽	两组中等解理成124°或56°斜交	5~6	晶体横截面为六角菱形
11	辉石 $Ca(Mg·Fe·Al)[(Si·Al)_2O_6]$	短柱状、粒状集合体	绿、褐、黑色	玻璃光泽	两组中等解理近于正交	5~6	晶体横截面为正八边形
12	橄榄石 $(Mg·Fe)_2[SiO_4]$	粒状集合体	橄缆绿色、淡黄绿色	玻璃光泽	贝壳状断口	6.5~7	性脆,在绿色矿物中硬度较大

序号	矿物名称	形 状	颜 色	光 泽	解理与断口	硬度	其 它
13	绿泥石 $(Mg \cdot Fe)_5 \cdot Al$ $[Al \cdot Si_3$ $O_{10}] \cdot (OH)_2$	片状集合体或块状	浅绿至深绿色	珍珠或玻璃光泽	一组极完全解理	2～2.5	薄片可挠曲，但无弹性
14	滑石 Mg_3 $[Si_4O_{10}]$ $(OH)_2$	薄片状、鳞片状、致密块状	白、灰、淡黄、淡绿	油脂光泽，解理面上呈珍珠光泽	一组完全或极完全解理	1	极软，手摸有滑感，薄片可挠曲，无弹性
15	石榴子石 (Ca, Mg) (Al, Fe) $[SiO_4]_3$	菱形十二面体、二十四面体或粒状	红褐、棕黑色	玻璃光泽，断口油脂光泽	参差状或贝壳状断口	6.5～7.5	多产于变质岩中
16	黄铁矿 FeS_2	正立方体、五角十二面体或粒状、块状集合体	浅黄铜色	金属光泽	参差状断口	6～6.5	晶面上常有三组正交条纹
17	褐铁矿 $2Fe_2O_3 \cdot 3H_2O$	土状、块状、钟乳状	黄褐色、黑褐色	半金属光泽	无	5～5.5	含铁矿物的风化产物呈铁锈状
18	赤铁矿 Fe_2O_3	多为块状，有的为鲕状、肾状、土状	赤红色、铁黑色	半金属光泽	无	5.5～6.5	土状者硬度低，可染手

第二节 岩 浆 岩

岩浆岩又名火成岩，是由地下深处的岩浆侵入地壳或喷出地表后经冷凝而形成的。这种岩石约占地壳重量的95%。

一、岩浆岩的一般概念

岩浆岩来源于岩浆。岩浆是一种以硅酸盐为主和一部分金属硫化物、氧化物、水蒸气及其挥发性物质（F、Cl、S、CO_2 等），组成的高温（940～1200℃）、高压（几千 10^5 Pa）的熔融体。岩浆在地下深处与周围环境是处于一种平衡状态，当地壳运行出现深大断裂或软弱带后，平衡被破坏，岩浆向压力低的方向运动，沿着断裂带或软弱带侵入地壳其至喷出地表，这种作用称为岩浆作用。岩浆侵入地壳而形成的岩浆岩叫侵入岩。侵入岩又可分为深成岩和浅成岩。岩浆喷出地表而形成的岩浆岩称为喷出岩（又叫火山岩）。

二、岩浆岩的产状

一般将岩浆岩岩体的大小、空间形态以及与周围岩石的关系，称为岩浆岩的产状（图1‐5）。

（一）侵入岩的产状

1．岩基

分布面积大于 $100km^2$ 的深成岩。与围岩常呈不整合接触。多由花岗岩、花岗闪长岩

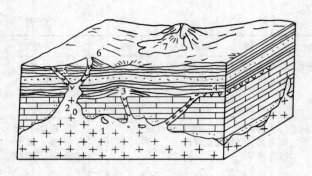

图 1-5 岩浆岩产状示意图

1—岩基；2—岩株；3—岩盘；4—岩床；5—岩墙和岩脉；
6—火山锥；7—熔岩流

等酸性岩所组成。如天山、南岭等地的岩基。

2.岩株

分布面积小于 $100km^2$ 的深成岩。平面上近于圆形，向下呈树干状延伸（又称岩干）。与围岩接触面比较陡，通常认为是岩基的分枝部分，多由中酸性岩组成。如黄山的花岗岩体。

3.岩盘和岩盆

上凸下平似面包状的岩体称为岩盘（又叫岩盖）。规模一般不大，直径可达数千米；中央凹下，四周高起的岩体称为岩盆。规模一般较大，直径可达数十至数百千米。

4.岩床

岩浆沿岩层层面侵入而形成的板状岩体称为岩床。其产状和围岩层面一致，厚度小于数十米，但延伸广，主要由基性岩组成。

5.岩脉和岩墙

岩浆沿裂隙侵入而形成的板状岩体称为岩脉。其宽介于数厘米至数十米之间；长可达数十米、数千米、数十千米以上。其中产状近于直立的岩脉又叫岩墙。

（二）喷出岩的产状

1.熔岩流

岩浆喷出地表后沿山坡或河谷流动，经冷凝形成的岩体称为熔岩流。

2.火山锥

岩浆沿火山颈喷出地表形成圆锥状的岩体称为火山锥。如我国东北、台湾等地均有分布。

三、岩浆岩的特征

由于岩浆的化学成分不同，岩浆岩形成时各处的地质环境也不一致，因此岩浆岩在矿物成分、结构、构造方面均表现出不同的特征。

（一）岩浆岩的矿物成分

岩浆岩的化学成分以 SiO_2、Al_2O_3、Fe_2O_3、FeO、MgO、CaO、K_2O 和 Na_2O 等为主。其中以 SiO_2 的含量最大（约占 46.4%）。当 SiO_2 含量增多时，Na_2O 和 K_2O 的含量也多，而 MgO 和 CaO 则相对减少。相反，当 MgO 和 CaO 的含量增多时，SiO_2 和 Na_2O、K_2O 就减少。因此，可以根据 SiO_2 含量多少将岩浆岩分为超基性岩（$SiO_2 < 45\%$）、基性岩（$SiO_2 = 45\% \sim 52\%$）、中性岩（$SiO_2 = 52\% \sim 65\%$）、酸性岩（$SiO_2 = 65\% \sim 75\%$）及超酸性岩（$SiO_2 > 75\%$）等五大类。

岩浆岩的矿物成分是岩浆化学成分的反映。组成岩浆岩的主要造岩矿物，按其颜色及化学成分的特点，可分为浅色矿物和暗色矿物两类。浅色矿物以 Si、Al 为主，又称硅铝矿物。如正长石、斜长石、石英、白云母等；暗色矿物 Fe、Mg 含量高，亦称铁、镁矿物。如黑云母、角闪石、辉石、橄榄石等。

岩浆岩中矿物的种类及其相对含量，是岩浆岩分类和定名的主要依据。对分类和定名起决定作用的矿物一般只有二、三种，这些矿物含量高（超过 10%），称为主要矿物。如花岗岩中的正长石、石英是主要矿物，如果缺了石英或正长石就不能叫花岗岩。次要矿物是指岩石中含量较少（1%～10%）的矿物。如花岗岩中含有少量角闪石，可命名为角闪花岗岩。主要矿物和次要矿物在各类岩石中是相对而言的。如石英，在花岗岩中是主要矿物，而在闪长岩中却为次要矿物。

（二）岩浆岩的结构

岩浆岩的结构是指岩石中矿物的结晶程度、晶粒大小、晶体形状，以及彼此间相互组合关系。它是区分和鉴定岩浆岩的重要标志，也是岩石分类和定名的主要依据之一。

按矿物的结晶程度，岩浆岩可分为全晶质结构、半晶质结构及非晶质结构。

1．全晶质结构

岩石均由结晶矿物组成。这种结构是岩浆在地壳深部温度缓慢降低的情况下形成的。常为深成岩特有的结构。如花岗岩、闪长岩等。

2．半晶质结构

岩石由结晶矿物和非晶质矿物所组成。这种结构主要为浅成岩所具有，有的在喷出岩中也能见到。

3．非晶质结构

岩石全部由非晶质矿物组成。这种结构是岩浆喷出地表迅速冷凝，来不及结晶的情况下形成的。为喷出岩特有的结构。

按矿物的晶粒大小，岩浆岩又可分为等粒状结构、隐晶质结构、不等粒结构及斑状结构。

（1）等粒状结构。系指岩石中的矿物均由显晶质（用眼或放大镜可辨别）颗粒组成，矿物颗粒大小大致相等的结构。等粒状结构还可进一步分为：

1）粗粒结构——粒径大于 5mm；

2）中粒结构——粒径为 5～1mm；

3）细粒结构——粒径小于 1mm。

（2）隐晶质结构。系指结晶颗粒非常细小，用眼或放大镜不能分辨，需在显微镜下才能辨认的结构。

（3）不等粒结构。系指岩石中同种主要矿物颗粒大小不等的结构。多见于浅成岩。

（4）斑状结构。系指岩石中较大的矿物晶体，被隐晶质或玻璃质矿物所包围的一种结构。较大的晶体矿物叫斑晶，隐晶质或玻璃质叫石基。斑状结构为浅成岩及部分喷出岩所特有。若石基为显晶质，则叫似斑状结构。

（三）岩浆岩的构造

岩浆岩的构造，是指岩石中矿物排列与组合的方式，可以表示岩石的外貌与成岩过程中的变化。常见的有块状构造、流纹状构造、气孔状构造及杏仁状构造。

1．块状构造

矿物在岩石中分布比较均匀，不显方向性，其物理力学性质各向相同。深成岩常具有这种构造，如花岗岩等。

2．流纹状构造

系指岩石中不同颜色的条纹、拉长的气孔以及长条形矿物沿一定方向排列的构造。这种构造为流纹岩等喷出岩所具有。

3．气孔状构造

岩浆喷出地表后，由于压力和温度急剧降低，所含挥发性成分不断逸出，以致在岩石中留下许多圆形、椭圆形或长管形的孔洞。气孔状构造为玄武岩等喷出岩所具有。

4．杏仁状构造

岩石中的气孔，被后期次生矿物（如方解石、石英等）所充填，形成一种形似杏仁的构造。如玄武岩、安山岩常具有这种构造。

四、岩浆岩的分类和主要岩浆岩

（一）岩浆岩的分类

目前已知的岩浆岩有一千余种。它们之间虽然存在着矿物成分、结构、构造、产状及成因等方面的差异，但其间又有着紧密的内在联系和变化规律。为了掌握各种岩石的共性、特性及共生关系，有必要对岩浆岩进行分类。岩浆岩的分类方法很多，最基本的是按岩石中 SiO_2 含量多少将其分为酸性岩、中性岩、基性岩和超基性岩四大类。依据岩石的矿物成分、结构、构造及成因产状，将每一类岩石划分为深成岩、浅成岩和喷出岩，并赋于相应的岩石名称，见表 1-4。

表 1-4　　　　　　　　　　主 要 岩 浆 岩 分 类 表

岩　石　类　型			酸性岩	中 性 岩		基性岩	超基性岩
SiO_2　含量（%）			＞65	65～52		52～45	＜45
颜　　　色			浅色（浅红、浅灰、浅绿等）			深色（深灰、黑色、暗绿等）	
矿物成分	主　要　矿　物		正长石 石 英	正长石	斜长石 角闪石	斜长石 辉 石	辉 石 橄榄石
	次　要　矿　物		黑云母 角闪石	角闪石 黑云母	辉 石 黑云母	角闪石 橄榄石	角闪石
岩石的成因及结构和构造	喷出岩	流纹状、气孔状、杏仁状及块状构造	玻璃质结构	火山岩（浮岩、黑曜岩等）			
			隐晶质、细粒结构或斑状结构	流纹岩	粗面岩	安山岩	玄武岩	少 见
	浅成岩	块状构造，少数可见气孔状构造	斑状、显晶质细粒或隐晶质细粒结构	花岗斑岩	正长斑岩	闪长玢岩	辉绿岩	少 见
	深成岩	块状构造	全晶质、等粒状结构或似斑状结构	花岗岩	正长岩	闪长岩	辉长岩	辉 岩 橄榄岩

（二）主要岩浆岩

1. 酸性岩类

在所有的岩浆岩中，酸性岩类 SiO_2 含量最高，达65%以上。因而岩石中浅色矿物含量大，约占90%左右，主要是正长石和石英。而暗色矿物含量少，主要是黑云母和角闪石，故岩石的颜色较浅，比重也较小（2.5～2.8）。这类岩石与基性岩类相反，深成岩远多于喷出岩，二者之比约为4:1。主要代表岩石有以下几种。

（1）花岗岩　多呈肉红色、灰白色。主要矿物成分为石英、正长石，并含有少量的黑云母、角闪石。全晶质等粒状结构，块状构造。属深成岩，也是所有深成岩中分布最广的一种岩石。质地坚硬，岩性比较均一，岩块的抗压强度可达 $1200～2000×10^5Pa$（1kg/$cm^2 = 9.8×10^4Pa≈10^5Pa$），是良好的建筑物地基和天然建筑石料。产状多为岩基、岩株和岩盘。常具有三组原生节理，将岩石切割成块状或枕状。

（2）花岗斑岩　一般为淡红、灰红色。矿物成分与花岗岩相当。斑状结构，斑晶多为粗大的正长石；石基由细小的长石、石英及其它矿物构成。块状构造，属浅成岩。常呈岩株、岩脉产出。

（3）流纹岩　多为淡红、灰白、浅黄褐色。矿物成分与花岗岩相当。斑状结构，斑晶为细小的石英或长石；石基为玻璃质。流纹构造，有的也呈气孔状构造。属喷出岩。性质坚硬，是良好的建筑石料，但作为地基需了解下伏岩层和接触带的性质。

2. 中性岩类

岩石中 SiO_2 含量为52%～65%，暗色矿物与浅色矿物之比约为1:2，故岩石的颜色也是浅的。从这类岩石的特点看，一方面与酸性岩成过渡关系，另一方面又与基性岩成过渡关系。所以可以明显分为两支：正长岩——粗面岩类和闪长岩——安山岩类。前者向酸性岩过渡，后者向基性岩过渡。主要代表岩有以下几种。

（1）正长岩　多为淡红、浅黄或灰白色。主要矿物成分为正长石，其次为黑云母和角闪石，有的含少量斜长石和辉石。等粒结构，块状构造。其物理力学性质与花岗岩类似，但不如花岗岩坚硬，且易风化。常以岩株产出，属深成岩。

（2）正长斑岩　浅红褐色或灰绿色。主要矿物成分与正长岩相同。斑状结构，斑晶为正长石；石基致密。块状构造，属浅成岩。

（3）粗面岩　淡红、浅黄褐色或浅灰色。矿物成分基本同正长岩。斑状结构，斑晶主要由正长石及少量的角闪石、黑云母组成；石基为隐晶质。具有细小孔隙，表面粗糙，块状构造。若岩石中有石英斑晶，可称为石英粗面岩，属喷出岩。

（4）闪长岩　灰、灰绿、灰黑色。主要矿物成分为斜长石、角闪石，有的有少量黑云母和辉石。含有石英的叫石英闪长岩。等粒状全晶质结构，块状构造，多为小型侵入体产出，属深成岩。岩块抗压强度可达 $1300～2000×10^5Pa$。

（5）闪长玢岩　灰绿、灰褐色。矿物成分与闪长岩相当。斑状结构，斑晶为斜长石，有的为角闪石；石基呈细粒或隐晶质。块状构造。多呈小型岩脉产出，属浅成岩。

（6）安山岩　灰、浅褐红色。矿物成分基本同闪长岩。斑状结构，斑晶主要是斜长石，有的为角闪石；石基为隐晶质或玻璃质。块状构造，有的为杏仁状或气孔状构造。含有石英的称为英安岩。有不规则的板状或柱状原生节理，常呈熔岩流产出，属喷出岩。

3. 基性岩类

岩石中 SiO_2 含量为 45%～52%，暗色矿物和浅色矿物含量近于相等。这类岩石分布远较超基性岩广泛，其中喷出岩（玄武岩）又远多于侵入岩，约占所有喷出岩的 23%。主要代表岩石有以下几种。

（1）辉长岩　深绿色和黑色。主要矿物成分为斜长石和辉石，也含少量的黑云母及角闪石。具有中粒或粗粒结构。块状构造。常呈岩盘、岩株产出，属深成岩。抗风化能力强，岩块抗压强度可达 $2000～2500×10^5Pa$。

（2）辉绿岩　灰绿、黑绿色。矿物成分与辉长岩相当，常含有一些次生矿物，如方解石、绿泥石、绿帘石等。细晶或隐晶质结构。块状构造。常呈岩脉、岩床产出，属浅成岩。

（3）玄武岩　深灰、黑褐色。主要矿物成分与辉长岩相同。隐晶质或斑状结构。气孔状构造，气孔被次生的方解石、绿泥石、燧石（SiO_2）等填充后，便形成杏仁状构造。常以熔岩流产出，属喷出岩。常见有六方形的柱状节理。岩块抗压强度为 $2000～2900×10^5Pa$，具有抗磨损、耐酸性的特点。

4. 超基性岩类

岩石中 SiO_2 含量＜45%，不含或很少含长石，几乎全部由暗色矿物组成。颜色深、比重大（3.1～3.6）。在地壳中分布少，仅占岩浆岩总面积的 0.4%。以深成岩为主，浅成岩和喷出岩则少见。主要代表岩石有橄榄岩和辉岩。

（1）橄榄岩　橄榄绿色。主要由橄榄石组成，常含有少量的辉石和角闪石。全晶质中粒结构。块状构造。全由橄榄石组成的叫纯橄榄岩。橄榄岩很少有新鲜的，因其易变成蛇纹石和绿泥石，属深成岩。

（2）辉岩　一般为灰绿色、灰黑色。主要由辉石组成，常含有少量橄榄石。全晶质粒状结构。块状构造。属深成岩。

第三节　沉　积　岩

沉积岩是地壳表面分布最广的一种岩石，它的体积虽然只占地壳的 5%，但出露面积却为陆地表面积的 75%。

一、沉积岩的形成

沉积岩的形成是一个长期而复杂的地质作用过程。在地表或接近于地表的常温、常压条件下，岩石经风化作用剥蚀成为碎屑、次生矿物或被水溶解。这些风化产物，部分被水搬运到海洋、湖泊等低洼地方沉积下来。再经压固、胶结及重结晶等复杂的成岩作用后，才形成沉积岩。

二、沉积岩的特征

（一）物质组成

沉积岩的物质组成，主要来自地表的各种岩石，与原岩关系密切。

1．碎屑矿物

原岩经物理风化后，残留下来的抗风化能力较强的、耐磨损的矿物碎屑。如石英、白云母等。

2．粘土矿物

原岩经化学风化后所形成的次生矿物。如高岭石、蒙脱石、水云母等。

3．化学沉积矿物

经化学作用和生物化学作用，从水溶液中析出或结晶而形成的新矿物。如方解石、白云石、石膏、岩盐、铁和锰氧化物和氢氧化物等。

4．有机物质

由生物作用或生物遗骸，经有机化学变化而形成的物质。如石油、泥炭、贝壳等。

（二）结构

沉积岩的结构是指岩石的组成物质、颗粒大小、形状及结晶程度。可分为碎屑结构、泥质结构、结晶结构及生物结构。

1．碎屑结构

由50％以上的直径大于0.005mm的碎屑物质，经胶结而成的一种结构。按岩石中主要碎屑颗粒的大小，又可分为二种：

1）砾状结构——粒径大于2mm的一种结构；

2）砂状结构——粒径介于2～0.005mm的一种结构。

2．泥质结构

由50％以上的粒径小于0.005mm的粘土矿物和细小碎屑组成的结构。

3．结晶结构

由溶液（真溶液和胶体溶液）中沉淀物，经结晶作用和重结晶作用而形成的一种结构。按晶粒大小，可分为粗粒（＞2mm）、中粒（2～0.5mm）、细粒（0.5～0.01mm）和隐晶质（＜0.01mm）。

4．生物结构

由30％以上的生物遗骸或碎片组成的岩石结构。如贝壳状结构等。

（三）构造

沉积岩的构造是指其各个组成部分的空间分布及相互间的排列方式。沉积岩的层理构造、层面构造、化石、结核是区别于岩浆岩的重要特征。

1．层理构造

沉积岩在形成过程中，由于沉积环境的改变，使先、后沉积的物质在颗粒大小、形状、颜色和成分上发生变化，从而显示出来的成层现象称为层理构造。

层与层之间的界面称为层面。层面是由短暂沉积间断造成的。上下层面之间的垂直距离称为岩层的厚度。按其厚薄可分为块状（＞2m）、厚层状（2～0.5m）、中层状（0.5～0.1m）和薄层状（＜0.1m）。岩层一端较厚，另一端逐渐变薄以至消失，称为尖灭层。岩层中间较厚，两端在不长的距离内都尖灭，称为透镜体。

由于沉积环境的差异，层理可具有各种不同的形态。常见的类型有：在平静或流动缓慢的湖、海中形成与层面之间彼此平行的水平层理；沉积物在流水的作用下产生运动，形成向同一方向倾斜的斜层理；在水流方向多变的沉积条件下，形成向不同方向倾斜的交错层理（图1-6）。

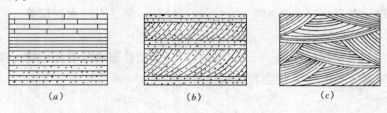

图1-6　层理类型

(a)水平层理；(b)斜层理；(c)交错层理

2. 层面构造

系指层面上仍保留着沉积岩形成时的某些特征。如波痕、泥裂、雨痕等。

(1) 波痕　在沉积过程中，由于沉积物受风力或水流的作用而在层面上遗留下来的波浪痕迹（图1-7）。

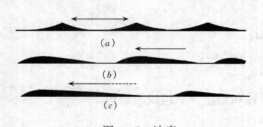

图1-7　波痕

(a)浪成波痕(波形对称)；(b)流水波痕(波形不对称)；(c)风成波痕(波形极不对称)

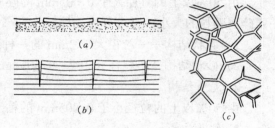

图1-8　泥裂

(a)为剖面图，沙层上有薄层泥土裂成泥卷；(b)为剖面图，单一的泥土可裂成上开下合的裂缝；(c)平面图

(2) 泥裂　粘土沉积物表面，由于失水收缩而形成不规则的多边形裂缝称为泥裂（图1-8）。

裂隙常被砂、石膏等物质充填。泥裂代表陆相沉积，说明当时气候干旱。利用泥裂上开下合的特征，可以确定岩层的顶底面或岩层是否倒转。

(3) 雨痕　雨点或冰雹降落在未固结的沉积物表面而遗留下来的痕迹，称为雨痕。可反映古地理、古气候特征。

3. 化石

保存在岩石中被石化了的古代生物遗骸、遗迹统称为化石。化石是研究生物进化、划分地层年代的重要依据，也是沉积岩所独有的构造特征。

4. 结核

系指沉积岩中常含有与周围岩石成分、颜色、结构不同，大小不一的无机物团块。成分有铁锰质、磷质、燧石质、石膏质及钙质等。

三、沉积岩的分类和主要沉积岩

(一) 沉积岩的分类

沉积岩是根据其组成物质、结构和形成条件来进行分类的，见表 1-5。一般可分为碎屑岩、粘土岩、化学沉积岩和生物化学岩。

表 1-5　　　　　　　　　　　　主要沉积岩分类表

类　型	结　构		主　要　成　分	主　要　岩　石	
				松散的	胶结的
碎屑岩	砾　状 (粒径>2mm)		成分复杂，多为坚硬岩石和硬度较高的矿物(如石英)碎屑	角砾、碎石、块石	角砾岩
				卵石、砾石	砾岩
	砂　质 (粒径 2～0.05mm)		石英、长石、云母、角闪石、辉石、磁铁矿等	砂　土	砂岩
	粉　质 (粒径 0.05～0.005mm)		石英、长石、粘土矿物、碳酸盐矿物	粉砂土	粉砂岩
粘土岩	泥　质 (粒径<0.005mm)		以粘土矿物为主，含少量石英、云母等	粘　土	泥岩 页岩
化学沉积岩及生物化学岩	化学及生物结构	致密状 粒　状 鲕　状 结核状 块　状 纤维状	方解石为主、白云石		泥灰岩 石灰岩
			白云石、方解石		白云质灰岩白云岩
			石英、蛋白石	硅藻土	燧石岩 硅藻岩
			钾、钠、镁的化合物		石膏、岩盐、钾盐
			碳、碳氢化合物、有机质	泥　炭	煤、油页岩

1. 碎屑岩

系指各种砾石或砂经胶结而成的岩石。碎屑岩的物理力学性质，与胶结物的成分及胶结类型有很大的关系。常见的胶结物有硅质、铁质、钙质、泥质和石膏质。

硅质——胶结物成分为 SiO_2，呈灰白、灰、浅黄色。岩性坚固，抗压强度高，抗水性及抗风化能力强。

铁质——胶结物成分为 Fe_2O_3，呈棕色或红色，岩性坚固，强度高。若为 FeO 时，则呈黄色或黄褐色，岩性软弱，易于风化。

钙质——胶结物成分为 Ca、Mg 碳酸盐，呈灰白、青灰色。岩石强度中等，但性脆，具可溶性，遇冷稀盐酸作用起泡。

泥质——胶结物成分为粘土，多呈黄褐色。岩性松软，遇水后极易泥化。

石膏质——胶结物成分为 $CaSO_4$，呈灰白色。硬度小，强度低，具有很大的可溶性。

碎屑岩的胶结类型，是指胶结物与碎屑颗粒之间的接触关系，常见的有基底胶结、孔

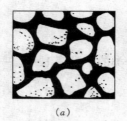 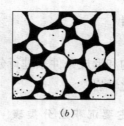 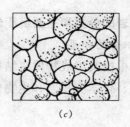

(a)　　　　　　　　(b)　　　　　　　　(c)

图 1-9　沉积岩的胶结类型

(a) 基底胶结；(b) 孔隙胶结；(c) 接触胶结

隙胶结和接触胶结三种（图 1-9）。

基底胶结——碎屑颗粒均被胶结物所包围，颗粒之间互不接触。

孔隙胶结——胶结物充填在颗粒孔隙之间，颗粒互相接触。

接触胶结——胶结物仅见于颗粒接触处，其它部分成为空隙。

对胶结物成分相同，但胶结类型不同的岩石，基底胶结的强度最高，孔隙胶结次之，接触胶结最差。

2. 粘土岩

主要由粘土矿物组成，也含有石英、长石、云母等碎屑矿物。泥质结构，质地均匀，手感细腻。常见的岩石类型有页岩（层理清晰）和泥岩（层理不清晰）等。

3. 化学沉积岩及生物化学岩

岩石风化产物中的溶解物质，经过化学作用或生物化学作用而沉积成的岩石。其中主要由碳酸盐类组成，常见的岩石类型有石灰岩、白云岩和泥灰岩等。

（二）主要沉积岩

1. 砾岩和角砾岩

由 50% 以上直径大于 2mm 的颗粒碎屑组成，其中由磨圆度较好的砾石、卵石胶结而成的称为砾岩；由带棱角的角砾、碎石胶结而成的称为角砾岩。砾岩和角砾岩的层理多不清晰。若砾岩或角砾岩为基底胶结，胶结物为硅质或铁质，其抗压强度可达 2000×10^5 Pa 以上。

2. 砂岩

砂岩为灰白、浅红色。由 50% 以上直径为 2～0.05mm 砂粒组成。按颗粒大小可分为粗砂岩（2～0.5mm）、中砂岩（0.5～0.25mm）和细砂岩（0.25～0.05mm）；按岩石成分又可分为石英砂岩（含石英 90% 以上）、长石砂岩（含长石 25% 以上，石英小于 75%）和硬砂岩（含岩石碎屑 25% 以上，石英含量小于 75%，长石含量小于 10%）。砂岩中胶结成分不同，抗压强度也不同。如硅质砂岩的抗压强度为 $800～2000 \times 10^5$ Pa，而泥质砂岩只有 $400～500 \times 10^5$ Pa 或更小。

3. 粉砂岩

由 50% 以上粒径为 0.05～0.005mm 的粉砂组成。成分以石英为主，常含有长石、白云母及少量岩石碎屑。呈棱角状，胶结物以钙、铁为主，常显水平层理。

4. 泥岩

主要由粒径小于 0.005mm 的粘土矿物所组成。泥岩的特性主要由所含的粘土矿物而定，常见有以下三种：

（1）高岭石粘土岩　呈灰白、浅黄色，主要粘土矿物为高岭石，性脆、硬度低，具贝壳状断口，表面有滑腻感。干燥时吸水性强，潮湿后具可塑性。

（2）蒙脱石粘土岩　又名胶岭石粘土岩、膨润土、斑脱土、漂白土等。一般为白色、浅黄、浅绿色。主要粘土矿物为蒙脱石，表面有滑腻感，可塑性小，浸水后体积急剧膨胀。

（3）水云母粘土岩　又名伊利石粘土岩。一般为灰白、棕及淡青色。主要粘土矿物为水云母，是铝硅酸盐矿物化学风化的初期产物，一般不具或稍具可塑性。

5. 页岩

以粘土矿物为主，具页片状层理或薄层状构造，因含杂质不同，又可分为硅质页岩、砂质页岩、钙质页岩及碳质页岩等。抗压强度一般为 $200 \sim 700 \times 10^5$Pa 或更低，浸水后强度显著降低，渗水性一般很小，常作为隔水层。

6. 石灰岩

又名灰岩。呈白、浅灰色，含杂质后为灰、褐黑等色。矿物成分以方解石为主，其次含有少量的白云石和粘土矿物。性脆，遇冷稀盐酸作用可剧烈起泡。一般抗压强度为 $400 \sim 800 \times 10^5$Pa。具可溶性，可溶蚀成各种岩溶形态。按成因、结构不同，石灰岩又可以有各种名称，如生物石灰岩、竹叶状石灰岩、鲕状石灰岩等。若白云石含量达 25% ～ 50% 时，可称为白云质灰岩。

7. 白云岩

多为白、淡黄、浅褐色。矿物成分主要是白云石，其次含有少量方解石和粘土矿物。

白云岩的外观特征与石灰岩相似，在野外常用盐酸滴试法去辨认。白云岩滴上冷稀盐酸基本不起泡。

8. 泥灰岩

石灰岩中常含有一定数量的粘土矿物，若其含量达 25% ～ 50% 时，则称为泥灰岩。呈浅黄、浅灰、浅绿等色。岩石致密，遇冷稀盐酸作用起泡，并留有泥质斑点，以此处别于石灰岩。抗压强度低，约 $60 \sim 300 \times 10^5$Pa。

第四节　变　质　岩

变质岩在我国分布很广，特别是前寒武纪地层大部分都已变质。古生代及以后的地壳活动带，也广泛发育着变质岩系。如我国辽宁、河北、山东、山西、内蒙等地均有大面积出露。

一、变质岩的形成

变质岩是地壳发展演化的产物。地壳中原已生成的岩石，包括岩浆岩、沉积岩和早已生成的变质岩，由于地壳运动、岩浆活动等所造成的物理化学条件的变化，使其成分、结构、构造发生一系列改变，这种促使岩石发生改变的作用称为变质作用。由变质作用形成的新的岩石称为变质岩。

凡由岩浆岩变质而成的岩石称正变质岩；由沉积岩变质而成的岩石称副变质岩。

(一) 变质作用的因素

促使岩石变质的因素主要是温度、压力及化学性质活泼的气体和溶液。它们主要来源于地壳运动和岩浆活动，故变质作用属于内力作用。现将变质因素所起的作用分述如下。

1. 温度

温度是变质作用最主要的因素。温度来自热源：一是地热，主要来源于放射性元素的蜕变；二是岩浆热，岩浆侵入围岩时带来的；三是构造运动所产生的摩擦热。一般认为变质作用高温界限不超过 $850 \sim 900℃$。岩石在高温作用下，可以引起两方面的变化：第一，重结晶作用，例如石灰岩在高温下可以变成结晶较粗大的大理岩；第二，促进矿物成分间的化学反应，产生新的高温变质矿物。如硅质石灰岩在高温下 SiO_2 和 $CaCO_3$ 化合生成硅灰石，即：

$$CaCO_3 + SiO_2 \xrightarrow{550℃} CaSiO_3 + CO_2 \uparrow$$

2. 压力

压力有静压力 (围压) 和定向压力两种。静压力是由上覆岩石荷重引起的，深度愈增加，静压力也愈大。岩石在静压力作用下，可以生成一些体积小而比重增大的新矿物。例如辉长岩中的钙长石 (比重 2.76，分子体积 101.1) 和橄榄石 (比重 3.3，分子体积 43.9)，在高压下可生成石榴子石 (比重 3.5~4.3，分子体积 121，小于 101.1 + 43.9)。

定向压力主要是由构造运动或岩浆活动所引起的、有方向性的压力 (应力)。在定向压力作用下，一方面可以使岩石发生柔性变形和破碎；另一方面在重结晶过程中，可使岩石中片状或柱状矿物在垂直于压力的方向进行定向排列，从而使岩石具有片理构造。

3. 化学性质活泼的气体和溶液

化学性质活泼的气体和溶液是引起变质作用的化学因素，主要是从岩浆中分异出来的。溶液中常含有二氧化碳、硼酸、盐酸、氢氟酸等和其它挥发成分，因而大大增加了它的化学活动性。当其渗入围岩之中，在适当温度和压力条件下即可与围岩进行一系列化学反应，产生各种新的变质矿物。

在变质作用过程中，各种变质因素是相互联系、相互作用的。但在具体条件下，其中一个因素往往起主导作用，而其它因素则处于次要地位。

变质作用不包括地表的风化作用，也不同于岩浆作用。变质作用是在原岩基本保持固态的条件下，其物质成分进行重结晶、重组合或有部分重熔而形成新岩石的一种作用。

(二) 变质作用的类型

根据各种变质因素所起的主导作用的不同，结合地质环境，将变质作用分为以下几种类型。

1. 接触变质作用

岩浆上升侵入围岩时，围岩受到岩浆高温的影响，或受到岩浆中分异出来的挥发组分及热液的影响，而使接触带附近的围岩发生变质，这一变质作用称为接触变质作用。依据变质过程中有无物质的交代现象，又可分为热接触变质作用和接触交代变质作用两类。

（1）热接触变质作用　以温度为主导因素，对不同的围岩引起不同的重结晶现象。对岩石的化学成分一般没有变化。例如石灰岩变为大理岩，石英砂岩变为石英岩等。

（2）接触交代变质作用　系指围岩处在高温和岩浆分异出来的化学性质活泼的气体和溶液的影响下，所发生的交代作用。这种交代变质作用，多发生在花岗岩或花岗闪长岩与碳酸盐类岩石接触带附近，通常将其形成的变质岩，统称为矽卡岩（图1-10）。

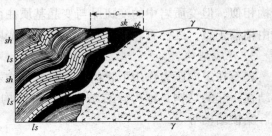

图1-10　接触变质作用示意图

γ—花岗岩侵入体；c—接触带；sk—矽卡岩；
ls—石灰岩；sh—页岩

2.动力变质作用

由于构造运动的影响，岩石在强烈的定向压力（应力）作用下，发生变形、破碎以及轻微的重结晶现象，称为动力变质作用。

定向压力是主要变质因素。动力变质作用形成的岩石，如碎裂岩、糜棱岩等，一般出现在构造破碎带中，成狭长的带状分布。

3.区域变质作用

系指由构造运动和岩浆活动共同引起的，并发生在广大地区的变质作用。变质范围往往达数百或数千平方千米。这种变质作用实际上是各种变质因素综合作用的结果。形成的岩石种类很多，如各种片岩、片麻岩等。

二、变质岩的特征

变质岩的特征，一方面受原岩控制，有明显的继承性；另一方面以其特有的变质矿物、结构和构造区别于岩浆岩和沉积岩。

（一）变质岩的矿物

变质岩的矿物成分，决定于原岩的化学成分和岩石形成时的物理化学条件。变质岩的矿物种类很多，一部分是和岩浆岩、沉积岩共有的矿物，如石英、长石、云母、角闪石、辉石、方解石、白云石等。而另一部分是在变质作用过程中产生的特有矿物，如滑石、石墨、绢云母、绿泥石、蛇纹石、红柱石、阳起石、硅灰石、石榴子石等，可作为鉴别变质岩的重要标志。

（二）变质岩的结构

变质岩的结构，常分为变余结构、变晶结构及碎裂结构三种。

1.变余结构

由于变质作用不彻底，在变质岩内仍残存着原岩矿物成分和结构的称为变余结构，也称残留结构。如泥质砂岩变质后，泥质胶结物变成绢云母、绿泥石，而其中的碎屑矿物石英不发生变化，仍被保留下来，形成变余砂状结构。

21

2．变晶结构

岩石在固态条件下，经重结晶、重组合等变质作用过程而形成的结构称为变晶结构。变晶是指变质矿物颗粒而言，包括变晶大小、形状等。如大理岩为粒状变晶结构。绢云母、绿泥石为鳞片变晶结构等。

具变晶结构的岩石均为全晶质，没有玻璃质和半晶质。斑状变晶结构与岩浆岩的斑状结构相似，但变质岩中的变斑晶与变晶基质往往是同时或稍晚于变晶基质形成的。变斑晶常由柘榴子石、红柱石、十字石、兰晶石等变质矿物组成。

3．碎裂结构

岩石在定向压力作用下，组成岩石的矿物发生弯曲、破裂、甚至成碎块或粉末状又被粘结在一起的结构，称为碎裂结构。这种结构是动力变质作用的产物，常见的有碎裂结构、糜棱结构等。

（三）变质岩的构造

变质岩的构造一般有片理构造和块状构造两种。

1．片理构造

系指岩石中所含大量的片状、板状和柱状矿物，在定向压力作用下平行排列形成的一种构造。岩石极易沿片理劈开。根据矿物组合和重结晶程度，片理构造又可分为片麻状构造、片状构造、千枚状构造及板状构造。

（1）片麻状构造　片麻状构造又称片麻理。系指粒状矿物（石英、长石等）和片状、柱状矿物（黑云母、白云母、绢云母、绿泥石、角闪石等）相间定向排列，所形成的断续条带状构造。具有片麻状构造的岩石，变质程度较深。如花岗片麻岩、黑云母片麻岩等。

（2）片状构造　系指岩石中片状、柱状、纤维状矿物定向排列所形成的薄层状构造。具有沿片理面可劈成不平整薄板的特征。具片状构造的岩石，变质程度中等。如绿泥石片岩、云母片岩等。

（3）千枚状构造　系指由细小片状变晶矿物定向排列所形成的一种构造。片理面上具丝绢光泽，有时可见细小的绢云母，还常见小挠曲、小皱纹。具有千枚状构造的岩石，变质程度浅。如千枚岩。

（4）板状构造　板状构造又称板理。系指岩石结构致密，矿物颗粒细小，沿片理面易裂开成厚度近于一致的薄板状构造。板理面平直，微具光泽。具有板状构造的岩石变质程度浅。如板岩。

2．块状构造

系指岩石中变晶矿物颗粒无定向排列，所呈现的均一构造。如石英岩、大理岩等。

三、变质岩的分类和主要变质岩

（一）变质岩的分类

变质岩的种类很多，通常是按其构造特征来划分岩石的类型，见表1-6。

（二）主要变质岩

22

表 1-6 　　　　　　　　　　　　　主要变质岩分类表

类 别	构 造	岩石名称	主 要 亚 类 或 矿 物 成 分
片理状岩类	片麻状	片麻岩	花岗片麻岩、黑云母片麻岩、斜长石片麻岩、角闪石片麻岩
	片 状	片 岩	云母片岩、绿泥石片岩、滑石片岩、角闪石片岩
	千枚状	千枚岩	以绢云母为主，其次有石英、绿泥石等
	板 状	板 岩	粘土矿物、绢云母、石英、绿泥石、黑云母、白云母等
块状岩类	块 状	大理岩	以方解石为主，其次有白云石等
		石英岩	以石英为主，有时含有绢云母、白云母等
		碎裂岩	主要由较小的岩石碎屑和矿物碎屑组成
		糜棱岩	主要为石英、长石及少量绢云母、绿泥石等组成

1．片麻岩

颜色深浅不一，视矿物成分而定。变晶结构，肉眼可辨认。具典型的片麻状构造。主要矿物有长石、石英（二者大于 50%）、云母及角闪石，并含有少量石榴子石、硅线石、石墨等典型变质矿物。一般抗压强度达 $1200\sim2000\times10^5Pa$，若云母多且富集时，则强度大为降低。根据矿物成分，片麻岩可进一步分为若干种，常见有花岗片麻岩、黑云母片麻岩、斜长石片麻岩、角闪石片麻岩等。

2．片岩

颜色深浅不一，视矿物成分而定。变晶结构，具明显的片状构造，片理比较发育，沿片理易于裂开。片状矿物含量高，强度较低，抗风化能力差。多具丝绢光泽或珍珠光泽。根据矿物成分，片岩常可分为云母片岩、绿泥石片岩、滑石片岩、角闪石片岩等。

3．千枚岩

多为黄绿、棕红、灰、黑色。颗粒很细，变晶结构。具明显的千枚状构造。主要由粘土矿物及绢云母、绿泥石、石英等组成，有丝绢光泽。

千枚岩与片岩相似，但千枚岩的颗粒很细，即重结晶程度较差。千枚岩与板岩也相似，但千枚岩的丝绢光泽明显，并具千枚状构造，而无明显的板状构造。

4．板岩

常为深灰、灰绿、黑、紫红等色。变余结构，有时为变晶结构。具明显的板状构造，易裂开成薄板。矿物颗粒细小，是由泥质岩石（页岩等）、粉砂质岩石和部分中酸性凝灰质岩石变质而成。在板理面上可见有绢云母、绿泥石等变质矿物，微具光泽。板岩岩性均匀致密，敲之发声清脆。板岩与页岩相似，但页岩较软，没有板状构造，没有光泽。

5．石英岩

由石英砂岩变质而成。常呈白色，因含杂质，故又呈显灰白、黄褐或褐红色。等粒变晶结构，块状构造。矿物成分以石英为主，其次为云母等，具油脂光泽。岩性坚硬性脆，抵抗风化能力强，岩块抗压强度可达 3000×10^5Pa 以上。

6．大理岩

由石灰岩或白云岩经重结晶作用变质而成。常呈白、浅红、淡绿、浅兰、深灰等各种颜色，又因含有其它杂质而呈显出美丽的花纹。等粒变晶结构，块状构造。主要矿物为方解石、白云石。方解石质大理岩与稀盐酸作用剧烈起泡，但白云质大理岩则反应微弱。硬度较小（3～3.5），具可溶性，抗压强度一般为 $500～1200×10^5Pa$。

7．碎裂岩

由原岩经强烈挤压破碎后形成的动力变质岩。是由大小不一的各种棱角状碎屑聚集而成。具碎裂结构。其分布常与断裂和褶皱作用有关。如断层角砾岩、压碎岩等。

8．糜棱岩

由原岩经强烈挤压破碎后形成的一种颗粒较细的动力变质岩。外表多为绿色。主要为石英、长石及少量变质矿物。一般具有似流纹的条带，多出现在断层带内。

第五节　岩　石　风　化

岩石风化是岩石在外力影响下产生变化的必然结果，也是岩石演变过程中的一个重要阶段。

岩石在太阳热能、大气、水分和生物等各种风化营力作用下，不断发生物理和化学变化的过程，称为岩石风化。这种促使岩石破碎甚至分解的地质作用，称为风化作用。

一、风化作用类型

根据风化作用的性质及影响的主要因素，风化作用可分为物理风化作用、化学风化作用及生物风化作用三种类型。

（一）物理风化作用

岩石由于气温的变化、空隙中水的冻融、以及盐类结晶胀裂等因素的影响，只改变物理状态，而不改变化学成分的破坏作用，称为物理风化作用。

岩石是一种传热的不良导体，白天阳光曝晒，岩石表面体积膨胀，而内部却很少受到热力的影响；到夜间气温降低，岩石表面逐渐冷缩，而内部因受到传导进来的热力影响在继续膨胀。这种表里不一的变化不间断进行，结果导致岩石裂隙增加、层层剥落而破坏（图1-11）。

渗入到岩石孔隙、裂隙中的水，当气温降至0℃以下时，液态水将变成固态冰。与此同时原体积膨胀，迫使岩石空隙进一步扩大、加深；气温上升冰融解后，水又向更深的裂隙深处渗透。这样一冻一融反复进行下去，就像冰楔一样直把岩石劈开崩碎。

同样，留在空隙中的盐类溶液，经蒸发达到过饱和状态时，盐分便结晶析出，随之体积膨胀，对周围岩石产生压力，出现和水冻融相类似的结果。

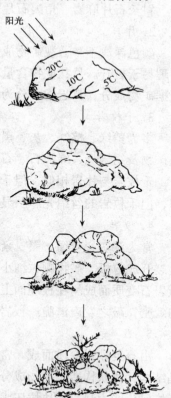

图1-11　岩石胀缩不均而破坏的过程图

总之，物理风化作用的过程，就是使岩石由完整到破碎，由大块变为小块的过程。

（二）化学风化作用

化学风化作用是指岩石在水及水溶液、氧气、二氧化碳等作用下发生的化学分解作用。这种作用不仅原来成分要发生改变，而且会产生新的矿物。化学风化作用表现最突出的是氧化作用和水及水溶液作用。

1. 氧化作用

岩石在氧化作用下，使其中低价元素转变成高价元素，低价化合物转变为高价化合物。最易氧化的是含有低价铁的硅酸盐类矿物，如橄榄石、辉石、角闪石、黑云母等。各种硫化物也最易分解，如黄铁矿 FeS_2 中的 Fe^{2+} 氧化为褐铁矿 $Fe_2O_3 \cdot 3H_2O$，而硫则形成 H_2SO_4 而溶失，即：

$$2FeS_2 + 7O_2 + 2H_2O \longrightarrow 2FeSO_4 + 2H_2SO_4$$

$$4FeSO_4 + 2H_2SO_4 + O_2 \longrightarrow 2Fe_2(SO_4)_3 + 2H_2O$$

$$2Fe_2(SO_4)_3 + 9H_2O \longrightarrow 2Fe_2O_3 \cdot 3H_2O + 6H_2SO_4$$

2. 水及水溶液作用

水是化学风化过程中的重要因素，水对岩石的作用有水化作用、水解作用及水溶液作用。

（1）水化作用　水能直接进入到矿物中去，使有些矿物变为新的含水化合物。如硬石膏 $CaSO_4$ 变成石膏 $CaSO_4 \cdot 2H_2O$。当水化作用生成新的矿物时，往往体积膨胀，如硬石膏变成石膏，其体积增大约 30%。

（2）水解作用　矿物中的 K^+、Na^+、Ca^{2+}、Mg^{2+} 等阳离子很容易被水中的 OH^- 离子所夺取，这样矿物的结构也就被分解破坏。如正长石在水的作用下，一方面形成 KOH 溶液及 SiO_2 胶体随水流失；另一方面形成不溶解于水的高岭石残积下来，即：

$$4K(AlSi_3O_8) + 6H_2O \longrightarrow 4KOH + Al_4(Si_4O_{10}) \cdot (OH)_8 + 8SiO_2$$
（正长石）　　　　　　　　　　　　　　　　（高岭石）

（3）水溶液作用　自然界很少有纯水，水中常含有碳酸、硫酸、硝酸等各种酸类。其中含有碳酸的水对岩石的破坏作用最为普遍，一方面它能将比较难溶于水的碳酸盐转变为易溶解的重碳酸盐，因而加强了水对岩石的溶解作用。

$$CaCO_3 + H_2O + CO_2 \longrightarrow Ca(HCO_3)_2$$

另一方面它可以加速岩石的分解作用，因为碳酸根可以夺取矿物中的 K^+、Na^+、Ca^{2+}、Mg^{2+} 等阳离子，形成各种碳酸盐，破坏原来矿物的结构。例如：

$$4K(AlSi_3O_8) + 4H_2O + 2CO_2 \longrightarrow 2K_2CO_3 + Al_4(Si_4O_{10})(OH)_8 + 8SiO_2$$

碳酸钾、硅胶流失，高岭石残留原地。

（三）生物风化作用

由于生物的活动，对岩石产生机械的或生物化学的破坏作用，称为生物风化作用。

植物根系深入到岩石裂缝中生长，促使岩石裂隙逐渐扩大、加深。

植物和细菌在新陈代谢过程中，能析出有机酸、硝酸、亚硝酸、碳酸和氢氧化铵等溶液来腐蚀岩石。

上述三种风化作用，并不是孤立进行的，而是相互联系相互影响的统一过程。

二、影响岩石风化的主要因素

岩石风化不是单一因素所为，而是多种因素综合作用的结果。其中气候、地形条件、岩石性质、地质构造及水文地质条件等因素尤为重要。

气候因素对风化作用的影响很大，在干旱半干旱地区，年温差和日温差都比较大（如我国西北有些地区日温差可以达到 50℃），物理风化作用的速度比较快。温度每升高 10℃，化学反应速度增加到原来的 2～3 倍，因而在炎热而潮湿的气候条件下，化学风化作用最为显著。

沟谷分布愈密，切割愈深，风化作用也就愈强。阳坡比阴坡平均温度高，昼夜温差大，所以风化作用较阴坡强。在高山地区，风化碎屑在重力作用下很容易脱离母岩，冻融现象也十分普遍。

岩石的矿物成分、结构、构造对岩石风化的影响也很显著。不同的矿物抵抗风化的能力不同。石英最稳定，抗风化能力强，其次是白云母等。而角闪石、辉石、方解石、白云石等则不太稳定。最不稳定的有黑云母、黄铁矿、橄榄石等。在岩浆岩中，基性岩比酸性岩易于风化，就是因为基性岩含有较多的不稳定矿物。在矿物成分相同的条件下，等粒结构的岩石比不等粒结构的岩石抗风化能力强。而在等粒结构的岩石中，细粒的比粗粒的抗风化。另外，结构疏松的岩石，较结构致密的岩石易于风化。具有片理构造的岩石，比块状构造的岩石易于风化。同样，薄层状岩石比厚层状岩石也易风化。

在褶曲轴部、断层破碎带、不整合接触面以及裂隙密集带等部位，由于裂隙发育，岩石破碎，风化作用强烈，常形成较厚的风化层，有的甚至形成几十米至百余米的风化深槽。

化学风化作用与地下水的埋藏条件、化学成分（特别是侵蚀性 CO_2 含量），以及径流条件关系密切。如地下水位以上氧化作用明显。地下水中侵蚀性 CO_2 含量高，循环交替条件好，溶解作用就强烈。

三、岩石风化带的划分

岩石风化的程度和深度各地不一。风化作用在地表最明显，随着深度的增加，其影响就逐渐减弱以至消失。

为了选择合适的水工建筑场地，确定基础开挖深度，对岩石风化程度、风化深度必须进行了解。岩石风化带界线的划分和风化带的命名，不同的工程实践有不同的划分依据和命名方法。一般是根据岩石风化后的颜色、结构、矿物成分及物理力学性质等方面的变化，将风化岩石划分为全风化、强风化、弱风化和微风化四个带，见表1-7。表中所列四个风化带，不是任何风化岩石的垂直剖面上都能见到，由于水流冲刷等外力影响，常保留其中2～3个带。

岩石的风化程度，不仅应从定性方面加以描述，而且还要进一步探索定量表达方式，

表 1-7 岩石风化程度分带表

特征\名称	颜色光泽	岩石结构及破碎情况	矿物成分	物理力学性质	锤击声	开挖方法
全风化	颜色已全改变，光泽消失	结构已完全破坏，呈松散状态或仅外观保持原岩状态，用手可掰碎	除石英外，其余矿物大部分风化变质，形成风化次生矿物	浸水崩解，与松软土或松散土体的特征相似	土哑声	镐、锹
强风化	颜色改变，唯断口中心尚保持原有的颜色	外观具原岩结构，但裂隙发育，岩块上裂纹密布，疏松易碎	易风化矿物均已风化变质，形成风化次生矿物，其它矿物仍有部分保持原有特征	物理力学性质显著减弱，具有某些半坚硬岩石的特性，变形模量小，承载强度低	石哑声	镐、风镐
弱风化	表面和裂隙面大部分变色，但断口仍保持原有的颜色	结构大部完好，但风化裂隙发育，裂隙面风化强烈	沿裂隙面出现次生风化矿物	物理力学性质减弱，岩石的软化系数与承载强度变小，变形模量仅为新鲜岩石的 $1/3 \sim 2/3$	发声不够清脆	爆破为主
微风化	沿裂隙面颜色略有变化	结构未变，除构造裂隙外，一般风化裂隙不易觉察	矿物结构未变，仅在裂隙面上有时有泥质薄膜或铁、锰质渲染	物理性质几乎不变，力学强度略有减弱	发声清脆	爆破

以便满足设计和生产部门的要求。这里介绍一种利用室内岩石物理力学性质指标来评定岩石风化程度的方法，即：

$$K_Y = \frac{1}{3} (K_n + K_R + K_W) \qquad (1-1)$$

$$K_n = \frac{n_1}{n_2}; \quad K_R = \frac{R_2}{R_1}; \quad K_W = \frac{W_1}{W_2}$$

式中　　K_Y——岩石风化程度系数；

　　　　K_n——岩石的孔隙率系数；

　　　　K_R——岩石的强度系数；

　　　　K_W——岩石的吸水率系数；

n_1、R_1、W_1——新鲜岩石的孔隙率、抗压强度、吸水率；

n_2、R_2、W_2——风化岩石的孔隙率、抗压强度、吸水率。

　　利用 K_Y 分级如下：

　　$K_Y \leqslant 0.10$　全风化（剧风化）；

　　$K_Y = 0.11 \sim 0.35$　强风化；

　　$K_Y = 0.36 \sim 0.65$　弱风化；

　　$K_Y = 0.66 \sim 0.90$　微风化；

$K_Y = 0.91 \sim 1.00$　新鲜岩石。

此外，还有采用声波、点荷载试验等方法来评定。但目前尚没有研究出一种能适用于各种岩体、所有风化阶段、且又较容易测定的物理量，使风化程度的评价定量化。

第六节　岩石强度及其工程地质特性

岩石在外力作用下达到破坏时的强度，称为岩的极限强度，简称为岩石强度。

一、岩石强度

按外力性质、加荷方式不同，岩石强度常可分为抗压强度、抗剪强度和抗拉强度。

(一) 岩石的抗压强度

岩石在单向压力作用下，抵抗压碎破坏的最大轴向压应力，称为岩石的极限抗压强度，简称抗压强度。抗压强度是反映岩石力学性质的主要指标之一。

$$R = \frac{P}{A} \tag{1-2}$$

式中　R——岩石的抗压强度，$10^5 Pa$；

　　　P——试样受压破坏时的总压力，kg；

　　　A——试样的受压面积，cm^2。

岩石抗压强度越大，说明岩石越坚硬，越不容易被压碎。

根据岩石抗压强度的大小，可将岩石分为如下五级：

$R > 1200 \times 10^5 Pa$　　　　极坚硬岩石；

$R = 600 \sim 1200 \times 10^5 Pa$　　坚硬岩石；

$R = 300 \sim 600 \times 10^5 Pa$　　半坚硬岩石；

$R = 150 \sim 300 \times 10^5 Pa$　　软弱岩石；

$R < 150 \times 10^5 Pa$　　　　极软弱岩石。

(二) 岩石的抗剪强度

岩石抵抗剪切破坏时的最大剪应力，称为抗剪强度。

根据岩石抗剪试验方法的不同，可分为抗剪断强度、抗剪强度及抗切强度。

1. 抗剪断强度

岩石的抗剪断强度，是指岩石剪断面上有一定压应力作用时，被剪断的最大剪应力 (图1-12)。

$$\tau_{\varphi c} = \sigma \operatorname{tg}\varphi + c \tag{1-3}$$

$$\operatorname{tg}\varphi = f$$

式中　$\tau_{\varphi c}$——岩石的抗剪断强度，$10^5 Pa$；

　　　σ——破裂面上的垂直压应力，$10^5 Pa$；

　　　φ——岩石的内摩擦角，度；

　　　c——岩石的内聚力，$10^5 Pa$；

　　　f——摩擦系数。

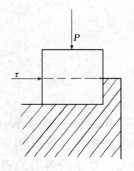
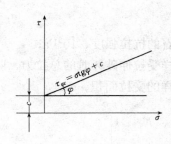

图 1‑12　岩石抗剪断试验示意图

坚硬岩石因有牢固的结晶联结或胶结联结，其抗剪断强度一般都比较高。

2．抗剪强度

岩石的抗剪强度，是指在压应力作用下，岩石与岩石，或岩石与其它材料之间沿某一摩擦面被剪动时的最大剪应力（图1‑13）。

$$\tau_\varphi = \sigma \mathrm{tg}\varphi \qquad (1\text{-}4)$$

式中　τ_φ——岩石的抗剪强度，10^5Pa；

　　　其它符号意义同前。

显然，抗剪强度低于抗剪断强度

3．抗切强度

岩石的抗切强度，是指岩石剪断面上无

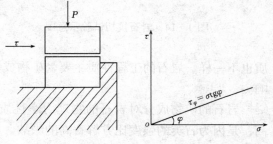

图 1‑13　岩石抗剪试验示意图

压应力的条件下，岩石被剪断时的最大剪应力（图1‑14）。

$$\tau_c = c \qquad\qquad\qquad\qquad\qquad (1\text{-}5)$$

式中　τ_c——岩石的抗切强度，10^5Pa；

　　　其它符号意义同前。

岩石的抗切强度，实际上就是岩石的内聚力。

（三）岩石的抗拉强度

岩石在单向拉伸破坏时的最大拉应力，称为抗拉强度。抗拉强度也是岩石力学性质的主要指标之一，见表1‑8。

表 1‑8　　　　　　　　　　　几 种 岩 石 的 强 度 指 标

岩 石 名 称	R (10^5Pa)		φ (°)	c (10^5Pa)	σ_t (10^5Pa)
	干	湿			
花岗岩	400～2200	250～2050	45～60	140～500	70～250
玄武岩	1027～2905	1020～1924	48～55	200～600	100～300
砂 岩	900～1450	400～850	35～50	80～400	40～250
页 岩	570～1360	137～751	15～30	30～200	20～100
石灰岩	134～2508	78～1892	35～50	100～500	50～200
片麻岩	800～1800	700～1800	30～50	30～50	50～200
片 岩	596～2189	295～1741	26～65	10～200	10～100

$$\sigma_t = \frac{P}{A} \tag{1-6}$$

式中　σ_t——岩石的抗拉强度，10^5Pa；

　　　P——试样受拉伸破坏时的总拉力，kg；

　　　A——试样的受拉面积，cm^2。

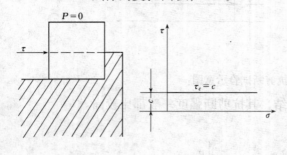

图 1-14　岩石抗切试验示意图

岩石的抗压强度高，抗剪强度居中，抗拉强度最小。岩石越坚硬，其强度值相差越大，而软弱岩石则差别较小。由于岩石的抗拉强度很小，所以当岩层受到挤压形成褶皱时，常在弯曲变形较大的部位受拉破坏，产生张性裂隙。

二、岩石的工程地质特性

不同的岩石具有不同的工程性质，同一岩石由于外部影响条件不一，其工程性质也不一样。岩石的工程性质主要受矿物成分、结构、构造、成因、水和风化等因素的影响。

岩石的矿物成分对岩石的物理力学性质有直接的影响。石英岩的力学强度比大理岩高，是因为石英的强度比方解石高的缘故。又如石灰岩或砂岩，如果粘土矿物含量多时，强度就明显降低，也是因为受强度低、抗水性差的粘土矿物影响的结果。由粘土矿物组成的泥岩和页岩，不仅是性质软弱、变形量大、浸水后易软化和泥化，当高岭石、蒙脱石等矿物含量高时，还具有膨胀性及崩解性。因此，这类岩石一般不宜作为水工建筑物的地基，如成为场地边坡，其稳定性也往往很差。在石灰岩、白云岩及大理岩分布地区，由于其主要组成矿物方解石溶于水，故该地区的工程地质问题主要是岩溶渗漏及塌陷。一般情况下，变质岩的力学强度较变质前相对增高。但是，若存在某些软弱变质矿物，如绿泥石、绢云母、滑石等，其力学强度会明显降低，抗风化能力亦会变差。

按岩石的结构特征，岩石可分为结晶联结（如花岗岩等）和胶结联结（如砂岩等）。结晶联结结合力强，孔隙度小，一般比胶结联结的岩石具有较高的强度和稳定性。同一岩石结晶颗粒越细，分布越均匀，强度就越大。如粗粒花岗岩的抗压强度一般在 120～140MPa 之间，而细粒花岗岩则可达 200～250MPa。胶结联结的岩石，其强度和稳定性主要决定于胶结物的成分和胶结类型，同时也受碎屑成分的影响。硅质胶结的强度高、稳定性好，泥质胶结的强度低、稳定性差。铁质和钙质胶结的介于两者之间。如泥质胶结的砂岩，其抗压强度一般只有 60～80MPa，钙质胶结的可达 120MPa，而硅质胶结的则高达 170MPa。基底胶结的岩石孔隙小，其强度和稳定性完全取决于胶结物的成分。孔隙胶结的岩石，其强度与碎屑和胶结物的成分都有关系。接触胶结的岩石强度低，透水性强。

岩石的构造不一，其物理力学性质也各异。具有片理、层理、流纹等构造的岩石，表现出各向异性的特征。例如垂直层理或片理的岩石，其抗压强度大于平行层理或片理的岩石，见表 1-9。沿片理、层理、流纹等方向易产生滑动，故不利于建筑物地基和边坡岩体稳定。此外，致密块状的岩石，比具有气孔状的岩石孔隙率低，抗水性、抗冻性强，力学强度高等。

表 1-9   层理对岩石抗压强度的影响

岩 石 名 称	砂 岩		砂质页岩		页 岩	
与层理方向的关系	平 行	垂 直	平 行	垂 直	平 行	垂 直
湿抗压强度（10^5Pa）	300~600	400~800	500	800	440	550

　　水对岩石的影响，主要是表现在其强度的削弱方面。例如石灰岩和砂岩饱水后，其极限抗压强度降低 25%～45%。当然，这种削弱的程度，对于不同成因的岩石是不一样的。一般来说，水对大多数岩浆岩、变质岩、以及少数沉积岩的影响要小些；而对部分变质岩、岩浆岩及大多数沉积岩，尤其是那些泥质岩类、特殊岩类（石膏、岩盐等）的影响则甚为显著。有的主张用软化系数（岩石饱水状态的抗压强度与干燥状态的抗压强度之比值）来衡量水对岩石的影响，即：

　　$K_d > 0.95$　　　　　　岩石不受水影响；

　　$K_d = 0.80 \sim 0.95$　　　岩石略受水影响；

　　$K_d = 0.65 \sim 0.80$　　　岩石受水影响程度中等；

　　$K_d = 0.40 \sim 0.65$　　　岩石受水影响程度显著；

　　$K_d < 0.40$　　　　　　岩石受水影响严重。

　　实践证实，新鲜岩石的强度比风化岩石高。岩石风化后孔隙率增大，密度减小，吸水性和透水性显著增高，强度和稳定性也大为降低。风化对岩石的影响，最终可以归结为对岩石强度的削弱上。

复 习 思 考 题

　　1．野外鉴定矿物时，主要依据矿物的哪些物理性质？

　　2．对比下列矿物，指出它们间的异同点？

　　　1）正长石——斜长石——石英；

　　　2）角闪石——辉石——黑云母；

　　　3）方解石——白云石——石膏。

　　3．黄铁矿、石膏、黑云母的存在对岩石的工程性质有何影响？

　　4．为什么岩浆岩分类要以岩石中的 SiO_2 为依据？

　　5．如果没有风化作用，试想沉积岩能否存在？为什么？

　　6．变质作用与风化作用有何不同？

　　7．试述下列岩石间的异同点？

　　　1）花岗岩与辉长岩；

　　　2）闪长岩与安山岩；

3）玄武岩与流纹岩；

4）正长斑岩与闪长玢岩。

8．下列岩石之间有何区别及关系？

1）花岗岩与花岗片麻岩；

2）页岩与板岩；

3）石英砂岩与石英岩；

4）石灰岩与大理岩。

9．沉积岩的胶结物质和胶结类型对岩石工程性质的影响如何？

10．试从颜色、盐酸反应、坚固程度三方面比较硅质、铁质、钙质及泥质胶结物的性质？

11．试述解理、层理、片理之间的主要区别？

12．影响岩石工程性质的主要因素是什么？试举例说明。

第二章 地 质 构 造

在地球历史演变过程中，地壳是不断地运动、发展和变化的。我国科学工作者在珠穆朗玛峰地区考查时，发现了过去生活在海中的鱼龙化石。说明这里约在 50 兆❶ 年前曾是一片汪洋大海。以后由于地壳缓慢上升，才隆起成为今日的"世界屋脊"。据观测研究，珠穆朗玛峰地区近 3 兆年来，平均每年上升约 2mm。

在美国加利福尼亚州，有一条大致与太平洋东海岸相平行的圣·安德列斯断层。该断层两侧的地层、地形、水系等都因相对地水平位移而错开，累计最大位移量达 260km。1906 年旧金山一次大地震就使这条断层错开 6.4m，断层带增长 430 多 km。

地壳运动按其运动方向可分为垂直运动和水平运动两种基本形式。垂直运动是指地壳沿铅直地面方向进行的升降运动，表现为地壳大面积的上升和下降，形成大规模的隆起和拗陷。水平运动是岩层受水平挤压或引张作用，使岩层产生褶皱和断裂，甚至形成巨大的褶皱山系或裂谷系。

地壳运动的速率一般是以缓慢渐变的方式进行，不易为人们所察觉，其速度一般以毫米每年计。但有时也表现得十分强烈，在短期内发生快速突变的运动，如火山爆发、地震活动等。

地壳运动不仅改变了地表形态，也改变了岩层的原始状态，形成了各种地质构造现象。因此，地壳运动也叫构造运动。由构造运动引起地壳岩层中产生的应力叫构造应力或地应力。在构造应力作用下，岩层产生的永久变形和变位叫构造变动。构造变动在地质力学中叫构造形迹。构造变动或构造形迹是地质构造的主要研究内容。

一般层状岩石，当受到构造应力作用时，首先发生弯曲变形，使岩层形成褶皱，随着作用力的增加，岩层弯曲越来越厉害，当应力超过岩层的强度极限时，便产生破裂错动（图 2-1）。所以，构造变动一般可分为褶皱构造和断裂构造两种类型。

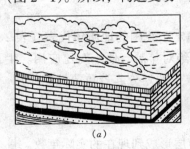 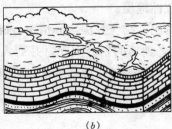 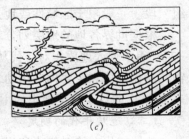

(a)　　　　　　　　　　(b)　　　　　　　　　　(c)

图 2-1　褶皱构造与断裂构造形成示意图

（a）岩层的原始状态；（b）岩层弯曲产生褶皱构造；（c）褶皱进一步发展成断裂构造

---

❶　兆（mega－M）＝10^6，地质年代多用兆年（一百万年）为单位。

褶皱构造是指岩层产生了弯曲变形，但没有失去连续性的变动［图2-1（b）］。断裂构造是指岩层失去了连续完整性，产生了剪断或张裂的变动［图2-1（c）］。

褶皱和断裂影响了岩层的分布规律，破坏了岩体的完整性，降低了岩体的稳定性和增大了渗透性，使水工建筑地区工程地质条件变得复杂化。因此，学习地质构造的基本知识，对水利工程枢纽的布置、水工建筑物的设计与施工，都具有很重要的实际意义。

第一节　地层年代和岩层产状

地层年代和岩层产状，在地质构造的研究中是很重要的。由于不同时代形成的地层，受构造变动的影响形成了各种不同的地质构造现象。因此，为了判别褶皱和断裂构造，地层接触关系，以及分析阅读地质图件等，都必须具有地层年代和岩层产状的基本知识。

一、地层年代

（一）地层年代的划分

在地壳发展的漫长历史过程中，地壳环境和生物种类都经历了多次变迁，相应地形成了不同的地层。因此，根据地层的构造变动、岩性特征及生物化石等就可以推断古地理环境、地壳运动性质及地质发展历史，从而划分地质年代。通常把地质历史划分为隐生宙和显生宙两个大阶段；宙以下分为代，代以下分为纪，纪以下分为世，依此类推。相应每个地质年代单位：宙、代、纪、世，形成的地层单位为：宇、界、系、统。如古生代所形成的地层叫古生界。宙（宇）、代（界）、纪（系）、世（统），是国际统一规定的名称和划分单位（表2-1）。

表2-1　地质年代单位与地层单位对比表

地层年代单位	地层单位	使用范围
宙 代 纪 世	宇 界 系 统	国际性的
期 时	阶 带	全国或 大区域性的

此外，有些地层地质年代不易确定，不含或化石稀少，不能正式定出地层单位。这些地区可按照岩性特征来划分地层单位，称为岩石地层单位。按照级别由大到小分为：群、组、段。一般限于区域性或地方性地层。

根据世界各地的地层划分对比，结合我国实际情况，确定了我国的地质年代表（表2-2），表中列入地质相对年代从老到新的划分次序，并列入绝对年龄，便于对比应用。生物的演化规律和主要构造运动，对地壳的发展演变和地质年代的划分起着重要控制作用，表2-2中简述了我国地史的主要特征。

（二）地层年代的确定

地层年代有绝对年代和相对年代之分。绝对年代是指地层形成到现在的实际年数。目前主要是根据岩石中所含放射性元素的蜕变来确定。在地质工作中常用的是相对年代，用以判别地层的相对新老关系，通常用下述方法确定：

1. 地层层位法

当沉积岩形成后，如果未经强烈的构造变动，则位于下面的地层较老，而上面的地层

表 2-2　　　　　　地　质　年　代　表

相 对 年 代				绝 对年 龄（百万年）	主要构造运 动	我国地史简要特征
宙	代	纪	世			
显生宙	新生代（Kz）	第四纪（Q）	全新世（Q4）更新世（Q3）（Q2）（Q1）		喜马拉雅运动	地球表面发展成现代地貌。多次冰川活动，近代各种类型的松散堆积物，黄土形成，华北、东北有火山喷发，人类出现
显生宙	新生代（Kz）	第三纪（R）	晚第三纪（N）　上新世（N2）中新世（N1）	2 或 3　12　25　40		我国大陆轮廓基本形成，大部分地区为陆相沉积，有火山岩分布，台湾岛、喜马拉雅山形成。哺乳动物和被子植物繁盛，是重要的成煤时期，有主要的含油地层
显生宙	新生代（Kz）	第三纪（R）	早第三纪（E）　渐新世（E3）始新世（E2）古新世（E1）	60　70	燕山运动	
显生宙	中生代（Mz）	白垩纪（K）	晚白垩世（K2）早白垩世（K1）	135		中生代构造运动频繁，岩浆活动强烈，我国东部有大规模的岩浆岩侵入和喷发，形成丰富的金属矿。我国中生代地层极为发育，华北形成许多内陆盆地，为主要成煤时期。三迭纪时华南仍为浅海沉积，以后为大陆环境。生物显著进化，爬行类恐龙繁盛，海生头足类菊石发育，裸子植物以松柏、苏铁及银杏为主，被子植物出现
显生宙	中生代（Mz）	侏罗纪（J）	晚侏罗世（J3）中侏罗世（J2）早侏罗世（J1）	180	印支运动	
显生宙	中生代（Mz）	三迭纪（T）	晚三迭世（T3）中三迭世（T2）早三迭世（T1）	225	海西运动	
显生宙	古生代（Pz）	晚古生代（Pz2）	二迭纪（P）　晚二迭世（P2）早二迭世（P1）	270		晚古生代我国构造运动十分广泛，尤以天山地区较强烈。华北地区缺失泥盆纪和下石炭纪沉积，遭受风化剥蚀，中石炭纪至二迭纪由海陆交替相变为陆相沉积。植物繁盛，为主要成煤期。华南地区一直为浅海相沉积，晚期成煤，晚古生代以砂岩、页岩、石灰岩为主，是鱼类和两栖类动物大量繁殖时代
显生宙	古生代（Pz）	晚古生代（Pz2）	石炭纪（C）　晚石炭世（C3）中石炭世（C2）早石炭世（C1）	350		
显生宙	古生代（Pz）	晚古生代（Pz2）	泥盆纪（D）　晚泥盆世（D3）中泥盆世（D2）早泥盆世（D1）	400	加里东运动	
显生宙	古生代（Pz）	早古生代（Pz1）	志留纪（S）　晚志留世（S3）中志留世（S2）早志留世（S1）	440		寒武纪时，我国大部分地区为海相沉积，生物初步发育，三叶虫极盛，至中奥陶世后，华北上升为陆地，缺失晚奥陶世和志留纪沉积，华南仍为浅海，头足类、三叶虫，腕足类笔石、珊瑚、蕨类植物发育，是海生无脊椎动物繁盛时代。早古生代地层以海相石灰岩、砂岩、页岩等为主
显生宙	古生代（Pz）	早古生代（Pz1）	奥陶纪（O）　晚奥陶世（O3）中奥陶世（O2）早奥陶世（O1）	500		
显生宙	古生代（Pz）	早古生代（Pz1）	寒武纪（∈）　晚寒武世（∈3）中寒武世（∈2）早寒武世（∈1）	600	蓟县运动	

宙	代	相 对 年 代 纪	世	绝 对 年 龄 （百万年）	主要构造 运 动	我 国 地 史 简 要 特 征
隐 生 宙	元古代 （P_t）	震旦纪 （Z）		800	吕梁运动	元古代地层在我国分布广、发育全、厚度大、出露好。华北地区主要为未变质或浅变质的海相硅镁质碳酸盐及碎屑岩类夹火山岩。华南地区下部以陆相红色碎屑岩河湖相沉积为主，上部以浅海相沉积为主，含冰碛物为特征。低等生物开始大量繁殖，菌藻类化石较丰富
				2500	五台运动	
	太古代 （A_r）					太古代构造运动频繁，岩浆活动强烈，侵入岩和火山岩广泛分布，岩石普遍变质很深，形成古老的片麻岩、结晶片岩、石英岩、大理岩等。构成地壳的古老基底。目前已知最古老岩石的年龄为45.8亿年。最老的菌类化石为32亿年
		地球初期发展阶段		4000 4600		

较新。若岩层经强烈的构造运动，地层接触关系将复杂化，则需根据岩层彼此接触特征来确定新老关系。

2．古生物法

生物是由简单到复杂，由低级向高级不断地发展演化，灭绝了的生物不会重复出现。因此，不同的地质时期就有不同的生物群。不同地质年代的沉积岩层中就会保存有不同时代的古生物化石。这样就可以根据不同的标准化石确定地层年代。如雷氏三叶虫 ［图 2 - 2 (a)］，一般产生在早寒武纪地层中，鳞木 ［图 2 - 2 (b)］产生在石炭纪和二迭纪地层中等等。

3．岩性对比法

一般在同一地质时期，同样地质环境下形成的沉积岩，它们的成分、结构和构造一般

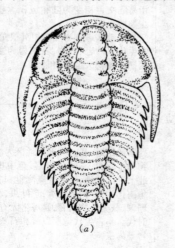

(a)

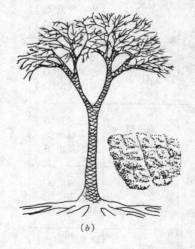

(b)

图 2 - 2　两种典型化石

(a) 雷氏三叶虫；(b) 鳞木

是类似的。因此确定了某地区的地层年代后，则在另外地区，就可以通过岩性对比来确定地层的地质年代。

上述三种方法是沉积岩地区常用的基本方法，必须综合分析运用，才能较准确地定出地层的相对年代。应用放射性同位素测定地层绝对年龄的方法，对于测定古老岩层的地质年代，特别是对缺乏古生物化石的太古代和元古代地层的划分和对比，具有很重要的意义。

二、岩层产状要素及其测量方法

（一）岩层产状要素

岩层的产状是指岩层在空间的位置。岩层产状通常用走向、倾向和倾角表示，称为岩层的产状要素。

1. 走向

岩层层面与水平面的交线叫走向线，走向线的方位称为走向。实际上它表示着岩层面的水平延伸方向，即图 2-3 中的 ab 直线延长方向。从图中可以看出，走向线两端的延伸方向均是岩层的走向，所以同一岩层的走向有两个数值，相差 180°。

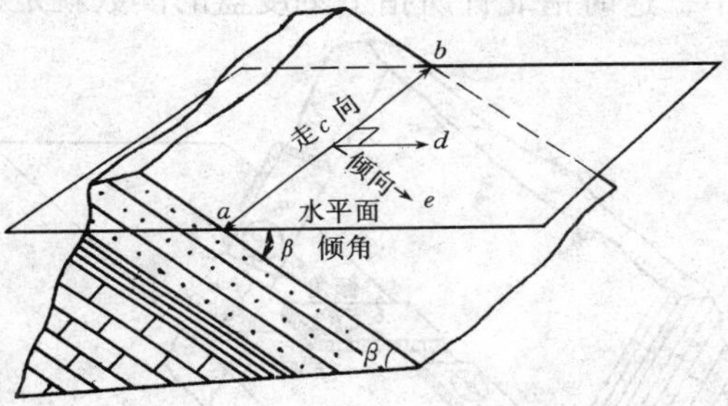

2. 倾向

垂直于走向线沿岩层倾斜面向下所引的最大倾斜线（图 2-3 中 ce 线），在水平面上投影线所指的方位称为倾向（图 2-3 中 cd 线），倾向只有一个方向，它表示岩层倾斜的方向，与走向相差 90°。

3. 倾角

是指最大倾斜线与其在水平面上的投影线间的夹角，也就是岩层层面与水平面所夹的最大锐角（图 2-3 中 β）。

图 2-3 岩层的产状要素
ab—走向；cd—倾向；β—倾角

（二）岩层产状要素的测量方法

产状要素在野外是用地质罗盘测量的。常见的地质罗盘有长方形、近八角形、方形等种类。地质罗盘主要由磁针、上、下刻度盘、倾角指针、水准泡等部分组成（图 2-4）。

上刻度盘多数为按方位角划分，以北为零度，逆时针方向分划为 360°。按象限角分划时，则北和南均为零度，东西方向均为 90°，在刻度盘上用四个符号代表地理方位，即 N（北），S（南），E（东），W（西）。刻度盘上的南北方向与地面上的南北方向一致，而东西方向则与地面上的实际方向相反。这正是为了使用时和实际一致而专门刻制的。

下刻度盘和倾角指示针是测倾角用的。下刻度盘的角度分划为 90°，它没有方向。长方形罗盘当刻度盘面直立时，倾角指示针可以自由摆动，圆形罗盘是用旋扭来控制倾角指示针转动的。

水准泡分固定的和活动的两种。固定水准泡多是圆形的，是用来调整刻度盘位置水平的。活动水准泡多为长条形，用来调整倾角指示针水平的。

1. 测走向

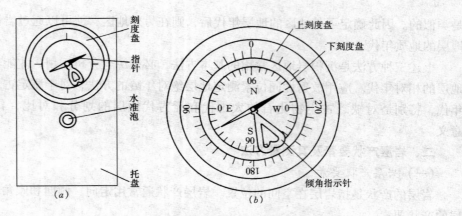

图 2-4 地质罗盘构造简图

(a) 地质罗盘示意图；(b) 刻度盘示意图

将罗盘平行于刻度盘南北方向的边（长边）靠在岩层层面上，移动罗盘使固定水准泡居中，这时指北针所指上刻度盘的读数就是走向〔图 2-5 (a)〕。

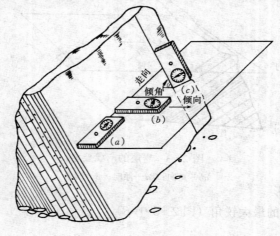

图 2-5 产状要素测量

2．测倾向

将罗盘平行于刻度盘东西方向的边（短边）靠在岩层层面上，并使刻度盘上的北端（N）指向岩层倾斜的方向，调整罗盘使固定水准泡居中，这时指北针所指上刻度盘的读数就是倾向〔图 2-5 (b)〕。

3．测倾角

将罗盘有下刻度盘的边，垂直于走向线紧贴在岩层层面上，并使刻度盘面和岩层层面垂直，这时倾角指示针所指下刻度盘的读数就是倾角〔图 2-5 (c)〕。如为圆形罗盘，则需转动倾角指示针，使活动水准泡居中，然后再读下刻度盘的读数。

岩层产状测量的记录有两种方法：

（1）象限角表示法。以北或南的方向（0°）为准，一般记走向、倾角、倾向。如 N65°W/25°S，即走向北偏西 65°、倾角 25°、大致向南倾斜；N30°E/27°SE，即走向北偏东 30°、倾角 27°、倾向南东。

（2）方位角表示法。一般只记倾向和倾角。如 SW205°∠25°，前面是倾向的方位角，后面是倾角。即倾向南西 205°，倾角 25°。再用加或减去 90°的方法计算出走向。

第二节 褶 皱 构 造

褶皱构造是岩层受力作用后产生变形，形成一系列连续完整的弯曲形态。绝大多数褶皱是在水平挤压力作用下形成的，少数褶皱是在垂直作用力下形成的，还有一些褶皱是在力偶的作用下形成的。褶皱是地壳上广泛分布，最常见的地质构造形态，它在沉积岩层中最为明显，在变质岩层中亦能看到，而在岩浆岩中则很难看出。研究褶皱的产状、形态、类型、成因及分布特点，对查明区域地质构造和工程地质条件具有重要意义。

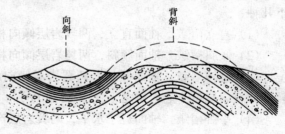

图 2-6　背斜和向斜

一、褶皱构造的基本形态

褶皱构造是由背斜和向斜两种基本形态组成（图 2-6）。

（1）背斜　中部岩层向上弯曲，两侧岩层向外相背倾斜，中部岩层时代较老，两侧岩层依次变新，并且两边对称出现。

（2）向斜　中部岩层向下弯曲，两侧岩层向内相向倾斜，中部岩层时代较新，两侧岩层依次变老，并且两边对称出现。

如果岩层形成褶皱后，未经风化剥蚀，则背斜成山，向斜为谷；但我们现代所看到的褶皱构造，是经历了漫长的地质时期，经受了多次构造变动，又遭受了强烈地震、风化剥蚀作用。所以原始的地形和构造形态都遭到了破坏，因此我们要想恢复原来的构造形态，就必须判断岩层的新老关系和是否对称分布等特征才能得出正确结论。

二、褶皱要素及形态分类

（一）褶皱要素

褶皱构造的各个组成部分称褶皱要素（图 2-7）。褶皱的中心部分岩层叫核部；褶皱核部两侧的岩层叫翼部；平分两翼的假想面叫轴面，轴面可以是直立的、倾斜的、甚至是水平的，也可以是曲面；轴面与水平面的交线叫轴线，褶皱轴的方向就是褶皱的延伸方向；轴面与岩层层面的交线叫枢纽，是指褶皱的同一岩层面上各最大弯曲点的连线；翼部岩层的层面与水平面的夹角叫翼角；连接两翼的部分或从一翼向另一翼过渡的弯曲部分叫转折端。

（二）褶皱的形态分类

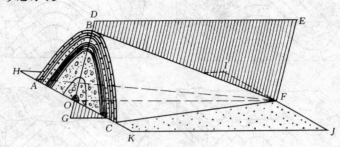

图 2-7　褶皱要素

HKJI—水平面；O—核部；AB、CB—翼部；ODEF—轴面；OF—轴；BF—枢纽；
∠BAO、∠BCO—翼角；B—转折端；F—外转折端褶皱的几何形态分类方法很多，常用的是根据褶皱轴面和两翼的产状进行分类，有以下几种：

（1）直立褶皱　轴面直立，两翼岩层倾向相反，倾角大致相等［图2-8（a）］。

（2）倾斜褶皱　轴面倾斜，两翼岩层倾向相反，倾角不相等［图2-8（b）］。

（3）倒转褶皱　轴面倾斜，两翼岩层倾向相同，一翼岩层层序正常，另一翼岩层倒转，即新岩层位于老岩层之下［图2-8（c）］。

（4）平卧褶皱　轴面近于水平，两翼岩层产状也近于水平，一翼岩层层序正常，另一翼岩层倒转［图2-8（d）］。

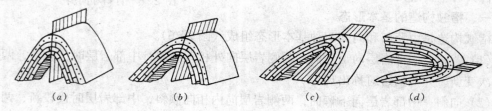

图2-8　褶皱的形态分类

（a）直立褶皱；（b）倾斜褶皱；（c）倒转褶皱；（d）平卧褶皱

另外，按褶皱枢纽的产状可分为：

（1）水平褶皱　枢纽水平，两翼岩层的走向基本平行［图2-9（a）（a'）］。

（2）倾伏褶皱　枢纽倾斜，两翼岩层的走向不平行［图2-9（b）（b'）］。若为倾伏背斜，则倾伏端与水平面的交汇点叫外转折端；若为倾伏向斜，则倾伏端与水平面的交汇点叫内转折端。

若褶皱枢纽向两端倾伏或扬起，形成长宽之比小于3:1的背斜叫穹窿［图2-10（a）］。若为向斜则叫构造盆地［图2-10（b）］。当在褶皱的翼部有许多次一级的小背斜或小向斜时，则分别称为复背斜和复向斜。

三、褶皱构造的野外识别

褶皱形成以后，在漫长的地质历史时期中，遭受风化剥蚀作用，背斜核部由于节理发

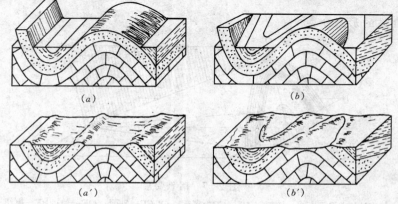

图2-9　水平褶皱和倾伏褶皱

（a）（a'）水平褶皱；（b）（b'）倾伏褶皱

育，易于风化破碎，因此，这里可能形成河谷低地，而向斜核部则可能形成高山(图2-11)。因此，不能把现代地形与褶皱形态混同起来。在野外，除一些岩层出露良好的小型背斜和向斜，可以直接观察到完整形态外，大部分均遭风化剥蚀而破坏或露头情况不好，不能直接观察到它的形态。这时应按下述方法进行观察分析。

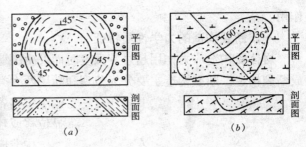

图 2-10　穹窿与构造盆地

(a) 穹窿；(b) 构造盆地

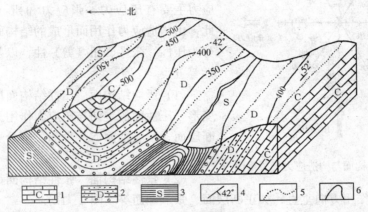

图 2-11　褶皱构造立体图

1—石炭系；2—泥盆系；3—志留系；4—岩层产状；5—岩层界线；6—地形等高线

首先应垂直岩层走向进行观察，当岩层重复出现并对称分布时，便可肯定有褶皱构造，否则就没有褶皱构造。图2-11是某个地区的地质构造立体图。区内岩层走向近东西，如果从南向北方向观察，就会发现志留系及石炭系两个地层的对称中线，其两侧地层分布重复出现，所以这一地区有二个褶皱构造。其次再分析岩层新老组合关系，如果老岩层在中间，新岩层在两边，则是背斜；如果新岩层在中间，老岩层在两边，则是向斜。上述地区中，南部那个褶皱构造，中间是老岩层（S），两边是新岩层（C和D），因此是个背斜；北部的褶皱构造，中间是新岩层（C），两边对称分布是老岩层（D和S），所以是个向斜。最后根据轴面的倾斜情况，两翼岩层的倾向，倾角的大小来判别褶皱的形态。如上述地区中的向斜，两翼岩层向内倾斜，倾角相近，所以是一个直立向斜；背斜中两翼岩层都向北倾斜，因此是一个倒转背斜。

第三节　断　裂　构　造

断裂构造是主要的地质构造类型，在地壳中广泛分布，对水工建筑地区岩体稳定和渗漏影响很大，且常对建筑物地基的工程地质评价和规划选址、设计施工方案的选择起控制作用。

一、断裂构造的力学性质特征

岩体受构造应力作用超过其强度时而发生裂缝或错断，破坏了岩体的连续完整性而形成断裂构造。断裂构造主要分为节理和断层两大类。凡岩体沿破裂面没有明显位移或仅有微小位移者称为节理；岩体沿破裂面两侧发生了明显位移或较大错动者称为断层。

构造应力场是指地壳中一定范围内，均匀的或是随点的不同和时的不同而有变化的构造应力状态场。构造应力的方向与大小是有规律变化的。构造应力主要有压应力、张应力和扭（剪）应力，因此，由构造应力作用而形成的结构面，按力学性质分为压性、张性、扭（剪）性，以及压扭性和张扭性等五类。

（1）压性结构面 压性结构面反映岩体的压缩变形。压性面的走向与压应力作用方向垂直。如逆断层面、褶皱轴面、片理面、部分劈理面等（图2－12）。

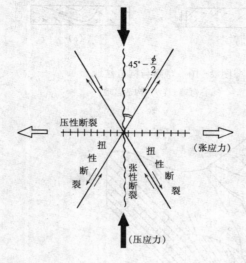

图 2－12　结构面与构造应力场关系图

（2）张性结构面 张性结构面都是破裂面。张性面与张应力作用方向垂直，如正断层面、张节理面等（图2－12）。

（3）扭性结构面 扭性结构面也就是剪切破裂面。扭性面的走向与压应力或张应力作用方向斜交。如一部分平移断层面、剪（扭）节理面等（图2－12），扭性断裂面一般是两组剪节理面共生，在平面上呈"X"型交叉分布，按理论计算两组扭性面的夹角应为90°，但野外观察和模型试验表明，扭性面的走向和压应力方向的夹角一般呈 45°－φ/2 的交角，φ 是岩石的内摩擦角，即两组扭性面所夹锐角的等分线和压应力方向一致。一般塑性岩石的 φ 值比脆性岩石的 φ 值小，因此两组扭性面和压应力方向的夹角，在塑性岩石中要比脆性岩石中的大，但都小于45°。扭性断裂可以两组都为节理或断层，也可以一组为断层，而另一组为节理。

断裂构造形成过程如图2－13所示。当水平岩层受水平挤压力之后，当岩层内部产生的剪应力超过其岩石的抗剪强度时，首先在岩层面上产生"X"型剪节理（SJ）［图2－13(a)］，两组节理间所夹锐角等分线指向受压的方向，这种现象在近水平岩层地区较为常见。当挤压力继续增大时，由于岩层内部产生的张应力超过其岩石的抗拉强度时，则在岩层表面上产生张节理（TJ）［图2－13(b)］，这种张节理沿着已有的剪节理（SJ）呈锯齿状追踪发育。随着岩层继续受压弯曲形成褶皱，在褶皱顶部产生次一级张应力，当这种张应力超过岩层的抗拉强度时，则产生同褶皱轴走向一致的张节理（TJ′）；由于上下岩层间的错动而产生剪应力，当这种剪应力超过岩层的抗剪强度时，在岩层弯曲的剖面上产生"X"型剪节理（SJ′），其走向同褶皱轴一致。当挤压力继续增大作用时，被节理切割的岩块错动位移而产生各种断层［图2－13(c)］，沿着剖面"X"节理（SJ′），在挤压力作用下形成压性逆断层（*CF*）；沿着岩层面上"X"节理（*SJ*），在剪应力作用下形成扭性平移断层（*SF*）；沿着岩层面上张节理（*TJ*），在重力作用下形成张性正断层（*TF*）。

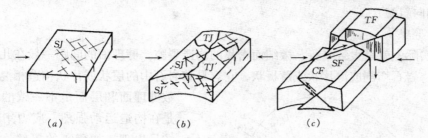

图 2 - 13　断裂构造的形成示意图

SJ—剪节理；*TJ*—张节理；*CF*—逆断层；*SF*—平移断层；*TF*—正断层

二、节理的成因分类及其特征

有方向性的裂隙称为节理，它普遍存在于岩体或岩层中。以构造应力作用形成的构造节理为主。构造节理具有明显的方向性和规律性，其成因与褶皱和断层形成过程密切有关，对不同性质的岩石和在不同的构造部位，构造节理的力学性质和发育程度都不相同。

构造节理的分类方法很多，主要是根据节理的力学成因，可分为剪节理和张节理两类。

（一）剪节理

剪节理（亦称扭节理）是岩石受剪（扭）应力作用形成的破裂面，其两组剪切面一般成"X"型的节理（图 2 - 13），故又称 X 节理。剪节理常与褶皱、断层相伴生。当岩层受到水平挤压力时，初期在层面上产生两组平面剪节理；水平挤压力继续作用时，岩层弯曲形成褶皱，在其核部的剖面上产生另一对剪切节理。

剪节理的主要特征是：节理产状稳定，沿走向和倾向延伸较远；节理面平直光滑，常有剪切滑动留下的擦痕，可用来判断节理两侧岩层相对移动的方向；剪节理一般呈闭合状，常成对呈"X"型出现，一般发育较密，节理间距较小，特别是软弱薄层岩石中，常密集成带。由于剪节理交叉互相切割岩层成碎块体，破坏了岩体的完整性，剪节理面常成为易于滑动的软弱面。

（二）张节理

张节理是岩层受张应力作用而形成的破裂面，当岩层受挤压时，初期是在岩层面上沿先发生的剪切节理追踪发育形成锯齿状张节理。在褶皱岩层中，多在弯曲顶部产生与褶皱轴走向一致的张节理（图 2 - 13）。

张节理的主要特征是：节理产状不稳定，延伸不远即行消失；节理面弯曲且粗糙，张节理两壁间的裂缝较宽，呈开口或楔形，常被岩脉充填；张节理一般发育较稀，节理间距较大，很少密集成带。张节理往往成为渗漏的良好通道。

剪节理和张节理是地质构造应力作用所形成的主要节理类型，故又称构造节理，在地壳岩体中广泛分布，对水工建筑岩基的稳定和渗漏影响很大。

另外，按构造节理的走向与岩层走向的关系，可分为走向节理（与岩层的走向平行），倾向节理（与岩层的走向垂直）及斜交节理（与岩层走向斜交）。又可根据节理的走向与褶皱轴向的关系，分为纵节理（与褶皱轴向一致），横节理（与褶皱轴向正交），斜节理（与褶皱轴向斜交）。

（三）劈理

劈理实际上就是大致平行、微细而密集的构造裂隙。劈理面的间距一般在几毫米至几厘米，常将岩石切割成薄片状或薄板状，它容易和岩石中的层状或片状构造相混淆，但多数劈理面和层面是不一致的。劈理只是在构造运动强烈、应力集中的地段才易出现，如褶皱的翼部、大断层的两侧等。在褶皱形成过程中，由于层间滑动或断层两侧岩体位移引起的扭应力产生破裂面（图 2-14）而成劈理。

劈理按成因分为"流劈理"和"破劈理"。流劈理是岩石在强烈构造应力作用下发生塑性流动，其内部片状、板状和长条状矿物沿垂直于压应力方向呈定向排列，而产生的易于裂

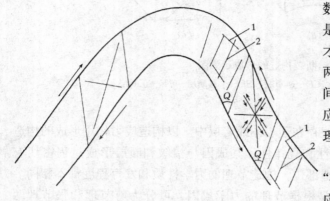

图 2-14 因褶皱形成中的层间滑动所形成的劈理
1—顺层劈理；2—层间劈理

开的软弱面。破劈理多发育在脆性较大的如石灰岩、石英岩等岩层中，它实际上就是平行而密集的微细剪切裂隙。由于劈理发育，使岩石强度降低，透水性增大，易风化成碎片，对水工建筑不利。野外调查时，还可以利用劈理分析褶皱类型和断层性质等。

（四）节理的调查与统计

在水工建筑地区进行节理的野外调查与统计，对研究建筑地区的地质构造、发育规律和分布特征，评价地基岩体完整性，具有重要的实际意义。

1．节理的野外调查

在流域勘察的小比例尺地质测绘中，可结合区域地质调查，了解不同岩性地区，不同构造部位的主要节理产状、组数和性质。

在坝址选择的大、中比例尺的地质测绘，应结合建筑物的位置，选择有代表性地段，进行节理的调查与统计，其统计点数应视地形、岩性和地质构造的复杂程度而定。其内容包括节理的产状和延伸情况，在不同岩性中变化情况和发育程度，节理面的形态特征和宽度，充填物的成因和性质，并鉴定各组节理的力学性质。应着重研究缓倾角节理在不同位置、不同构造部位发育程度，各节理组的切割关系和组合形式，以及节理密集带的分布情况。

为进一步了解水工建筑地区岩石的力学性质、透水性、稳定性以及对水工建筑物的影响程度，必须对节理进行详细的观察、测量、统计工作。根据工程的要求，应在两岸坝肩、隧洞进出口、溢洪道边坡等处，选择能代表地区节理发育规律的地点进行测量统计。统计面积应视节理多少而定，一般为 $1\sim 4m^2$，统计项目按表 2-3 所示各项进行观测记

录，并绘制素描图或照像。

2.节理统计图的绘制方法

在生产实践中，为了反映节理的分布规律及其对岩体稳定的影响，常采用一些图解的方法把它表示出来。节理统计图的种类较多，我们这里仅介绍走向玫瑰图的作法。

作走向玫瑰图时，首先将野外测量结果（表2-3）按表2-4的格式以10°或5°为一区间进行分组，并统计每组节理的条数，计算每组节理的平均走向（也可采用区间中值）。

表 2-3 某地节理野外观察测量记录表

编号	节理类型	节 理 产 状			长度	宽度	深度	填充胶结情况	节理面性质	条数
		走 向	倾 向	倾 角						
1	剪切	NW307°	NE	18°						2
2	剪切	NW332°	NE	10°				夹泥	平直	2
3	剪切	NW335°	NE	12°				夹泥	平直	1
4	剪切	NW336°	NE	15°				夹泥	平直	1
5	剪切	NW338°	NE	15°				夹泥	平直	1
6	剪切	NW325°	NE	22°				夹泥	平直	3
7	剪切	NW341°	SW	60°						1
8	剪切	NW344°	SW	62°						1
9	剪切	NW348°	SW	65°						1
10	张	NW353°	NE	75°					不平	2
11	张	NE7°	NW	80°					不平	4
12	张	NE15°	SE	80°					不平	3
13	张	NE26°	NW	73°					不平	1
14	剪切	NE33°	SE	70°					平直	4
15	剪切	NE45°	NW	60°					平直	2
16	剪切	NE52°	NW	55°					平直	4

然后就可按表2-4的统计资料制作走向玫瑰图。走向玫瑰图的基本图形是个半圆，沿圆周标有北、东、西三个方向，并按方位角划分出刻度，用以表示节理的走向。半圆半

表 2-4 节 理 走 向 分 组 表

走 向 NE			走 向 NW		
走向区间	平均走向	条 数	走向区间	平均走向	条 数
1°～10°	7°	4	301°～310°	307°	2
11°～20°	15°	3	321°～330°	325°	3
21°～30°	26°	1	331°～340°	335°	5
31°～40°	33°	4	341°～350°	344°	3
41°～50°	45°	2	351°～360°	353°	2
51°～60°	52°	4			

径按比例尺分成等份，代表节理条数。如根据表2-4资料，最发育一组节理为5条，此时可将半径5等份，以一等份代表1条节理。在走向1°～10°的区间内有4条节理，这样可在此4条节理平均走向7°方向的半径上，自圆心向外第四格上点一点，同样在15°半径上的第三格处点一点，依此就可以得到一系列的点子，最后把相邻组的点子用直线连接起来，若相邻组内没有点子，则需连回圆心，这样连接后就作出了走向玫瑰图（图2-15）。

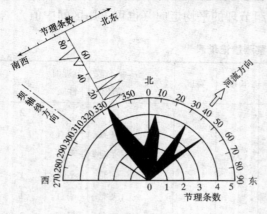

图2-15 走向玫瑰图

表2-5 最发育节理倾向倾角分组表

走向 NW		
倾 向	倾角分组	条 数
NE	1°～10°	2
	11°～20°	3
	21°～30°	3
SW	51°～60°	1
	61°～70°	2

另外，为了表示最发育一组节理的倾向和倾角，可将该组节理按表2-5格式进行倾向分组和倾角分组，并统计节理数量。然后在走向玫瑰图最发育一组节理的平均走向（或区间中值）方向上，沿半径向圆外引一直线，并将此直线等分为0°～90°用来表示节理的倾角，在该线顶端再作一垂直线，其长度按比例尺代表节理的条数，垂直线所指的方向代表节理的倾向。所谓最发育一组节理，系指数量最多的一个走向区间或相邻几个走向区间的节理，表2-5是根据表2-3所给资料统计的最发育一组节理的倾向和倾角分组，它包括了：321°～330°、331°～340°、341°～350°三个相邻区间的11条节理，向圆外沿半径所引直线，是采用节理条数最多的335°方向。根据表2-5资料，可分别在倾角分组区间中值5°、15°、25°、55°及65°的位置，根据节理倾向和条数点出一些点，每组分别画成三角形，这样就完成了最发育一组节理倾向和倾角图（图2-15）。

此外，在这种图上还可标出河流及建筑物方向，以便分析节理与建筑物关系。从图2-15中可以看出，最发育一组节理走向是NW335°，其中倾向NE者较多，且倾角小于30°，因为这些节理倾向下游偏右岸，倾角平缓，并且节理面夹泥，所以对坝基抗滑稳定影响很大。在这组节理中，倾向SW者数量较少，且倾向上游，倾角较陡，因此对坝基抗滑稳定影响不大。

三、断层的基本类型及其特征

断层是构造应力作用形成的主要地质构造类型，在地壳中广泛分布。断层种类很多，形态各异，规模大小不一，小断层在岩石标本上就可见到，大断层延伸很远，可达数百公里以上，影响范围很广。对水工建筑物影响较大，这里将就其主要内容叙述如下。

（一）断层的要素

为了研究断层，首先要了解断层的基本组成部分，断层的组成部分叫断层要素（图2

- 16)。主要有断层面、断层线、断层带、断盘及断距等。

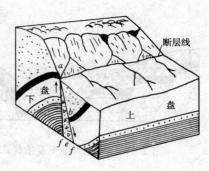

图 2-16　断层要素图
ab—断距；e—断层破碎带；f—断层影响带

(1) 断层面　岩层发生位移的错动面叫断层面，它可以是平面或曲面。断层面的空间位置可以用产状要素来测量。

(2) 断层线　断层面与地面的交线叫断层线。可反映断层在地表的延伸方向，它可以是直线或曲线。

(3) 断层带　较大的断层错动常形成一个带，包括断层破碎带和影响带。破碎带是指被断层错动而破裂和搓碎的岩石碎块、碎屑部分；影响带是指受断层影响、节理发育或岩层产生牵引弯曲部分。

(4) 断盘　断层面两侧相对位移的岩体叫断盘。在断层面上部的岩体叫上盘，下部的岩体叫下盘。若断层面直立则无上下盘之分。

(5) 断距　是断层两盘相对错开的距离。岩层原来相连的两点，沿断层面错开的距离称为总断距，总断距的水平分量称为水平断距，垂直分量称为垂直断距。

(二) 断层的基本类型及特征

最常用的断层分类方法，一种是按形态划分，另一种是按力学性质划分，介绍如下。

1. 按断层的形态分类

断层的形态分类，主要是按断层两盘相对移动情况，将断层分为正断层、逆断层、平移断层三种（图 2-17）。

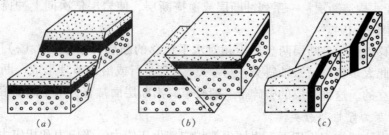

图 2-17　断层类型示意图
(a) 正断层；(b) 逆断层；(c) 平移断层

(1) 正断层　上盘相对下移，下盘相对上移的断层叫正断层 [图 2-17 (a)]。它一般是受水平张应力作用或重力作用使上盘向下滑动而形成的，所以在构造变动中多垂直于张力的方向发生，但也有时沿已有的剪节理发生。其断距可以从几厘米到数百米，延伸长度一般自几米到数公里。正断层的倾角一般都较陡，多在 50°~60° 以上，具有断层面粗糙，擦痕少的特征。在野外有时见到由数条正断层排列组合在一起，形成阶梯式断层、地垒和地堑等（图 2-18）。

1) 阶梯式断层：岩层沿多个相互平行的断层面向同一方向依次下降成阶梯式断层。

47

图 2‑18　地垒、地堑及阶梯式断层

图 2‑19　迭瓦式构造断层

2）地垒：两边岩层沿断层面下降，中间岩层相对上升而形成地垒。

3）地堑：两边岩层沿断层面上升，中间岩层相对下降而形成地堑。

（2）逆断层　上盘相对上升，下盘相对下降的断层叫逆断层［图 2‑17（b）］。它一般是受水平压力沿剪切破裂面形成的，所以常与褶皱伴生，并多在一个翼上平行褶皱轴发育。断层带中往往有大量的角砾岩和岩粉，具有断层面光滑，擦痕较多的特征。根据断层面倾角的大小，又可将逆断层分为：

1）冲断层：断层面倾角大于 45°的高角度逆断层。

2）逆掩断层：断层面的倾角在 45°～25°之间，往往是由倒转褶皱发展形成，它的走向与褶皱轴大致平行。逆掩断层的规模一般都较大。

3）碾掩断层：断层面倾角小于 25°的逆断层，常是区域性的巨型断层，断层一盘较老地层沿着平缓的断层面推覆在另一盘较新岩层之上，断距可达数千米，破碎带的宽度亦可达几十米。

4）迭瓦式构造断层：一系列冲断层或逆掩断层，使岩层依次向上冲掩，形成迭瓦式构造断层（图 2‑19）。

（3）平移断层　是断层两盘产生相对水平位移的断层［图 2‑17（c）］。多系受扭应力形成，因此大多数与褶皱轴斜交，与"X"节理平行或沿该节理形成，断层面的倾角很陡，常是直立的。这种断层的破碎带一般较窄，沿断层面常有近水平的擦痕。

2．按断层力学性质分类

断层是在构造应力作用下，岩体内部相应产生压应力、张应力和扭应力（剪应力）的作用所形成（图 2‑12、图 2‑13）。因此，断层按力学性质可分为：

（1）压性断层　由压应力作用形成，属压性结构面。压性断层的走向与压应力方向垂直，在断层面两侧，主要是上盘岩体受挤压相对向上移动，如逆断层等。压性断层常成群出现而构成挤压构造带。断层带往往有断层角砾岩、糜棱岩和断层泥，形成软弱破碎带。在较脆硬的岩层中，断层面上常有反映错动方向的擦痕。

（2）张性断层　由张（拉）应力作用形成，属张性结构面。张性断层的走向垂直于张应力方向，断层面上盘岩体因引张相对向下移动，如正断层等。张性断层面较粗糙，形状不规则，有时呈锯齿状。断层破碎带宽度变化大，断层带中常有较疏松的断层角砾岩和破碎岩块。

（3）扭性断层　由扭（剪）应力作用所形成，属扭性结构面。扭性断层一般是两组共

48

生，呈"X"型交叉分布，往往是一组发育，另一组不发育，如平移断层等。扭性断层面平直光滑，产状稳定，延伸很远，断层面上有时见到近水平的擦痕，断层带内有角砾岩或糜棱岩。

（4）压扭性断层 具有压性断层兼扭性断层的力学特征，如部分平移逆断层等。

（5）张扭性断层 具有张性断层兼扭性断层的力学性质，如部分平移正断层等。

3. 按断层面产状与地层产状的关系分类

可分为：

（1）走向断层 断层走向与地层走向基本平行，称为走向断层。

（2）倾向断层 断层走向与地层走向基本垂直，称倾向断层。

（3）斜向断层 断层走向与地层走向斜交，称为斜向断层。

（4）顺层断层 断层面与岩层面大致平行，称顺层断层。

（三）断层的野外识别

当岩层发生破裂错动形成断层后，改变了原地层的分布规律，断层带产生各种构造现象，形成各种不同的地貌和水文地质特征。这些现象都是野外识别断层的重要标志，现分述如下：

1. 地层的重复或缺失

在倾斜岩层中，地层出现重复或缺失现象，是断层存在的重要识别标志（图2-20）。地层重复或缺失一般出现在断层走向与岩层走向一致的断层面两侧。断层造成的地层重复是不对称的，而褶皱两翼地层的重复是对称的。断层造成的地层缺失局限于断层面两侧，与区域性的不整合接触所造成的地层缺失也不相同。

根据断层面与岩层倾斜方向的不同，断层面倾角与岩层倾角大小的不同，地层在地面出露的宽（重复）、窄（缺失）有如下规律：

1）正断层：相反，重复；相同大变窄（缺失）；相同小变宽（重复）[图2-20（a）、（b）、（c）]。

2）逆断层：相反，缺失；相同大变宽（重复）；相同小变窄（缺失）[图2-20（d）、（e）、（f）]。

2. 岩层、岩脉突然中断

当断层走向与岩层走向垂直或斜交时，无论是正断层、逆断层还是平移断层，在野外沿走向追索时，岩层、岩脉或岩墙等，都会出现突然中断，使不同性质的岩层顺走向突然接触，而且在剖面上也可表现为岩层的相对升降错开（图2-21）。在这种情况下，由于风化剥蚀的结果，正断层和逆断层上升盘的岩层，在平面上沿倾向向前移动了[图2-21（a）、（b）]。平移的距离不仅与升降幅度有关，还与岩层倾角有关。在同样升降的情况下，缓倾角岩层的平移距离要比陡倾角的大。在这种情况下，要确定断层的性质，必须借助其他判别断层的标志，切勿将其判断为平移断层。

当断层面正好横切褶皱轴时，表现为断层两侧核部宽度突然变化。在背斜核部变宽一侧为上升盘，而向斜核部相对变宽一侧则为下降盘（图2-22）。在野外常用它判别断层的性质。

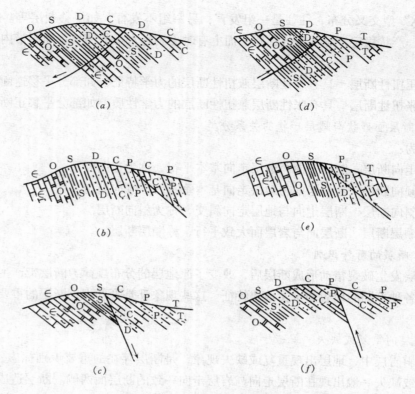

图 2-20　断层造成的地层重复或缺失

(a)(b)正断层(重复);(c)正断层(缺失);(d)(e)逆断层(缺失);(f)逆断层(重复)

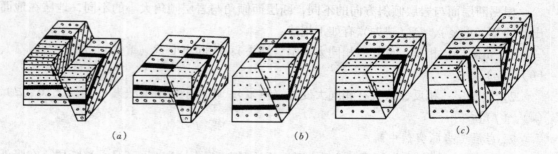

图 2-21　垂直岩层走向的断层形成的地层特征

(a)正断层;(b)逆断层;(c)平移断层

3. 断层破碎带及构造岩

规模较大的断层常形成断层破碎带,其宽度可自几厘米到数十米,与岩性、断距和断层的性质有关。断层两盘岩石相互错动、摩擦、搓碎,使原来的岩石破碎成角砾、细粉或泥,这种由断层错动所形成的岩石叫构造岩(图 2-23)。破碎带内常见的构造岩有断层角砾岩、糜棱岩和断层泥。凡是由较坚硬的岩石碎块和岩屑或岩粉胶结而成的岩石叫断层角砾岩;而岩石搓碎得很细的带棱角小颗粒,只有在显微镜下才能识别其成分的叫糜棱岩;被磨成极细的岩粉或粘土颗粒未经胶结的叫断层泥。

50

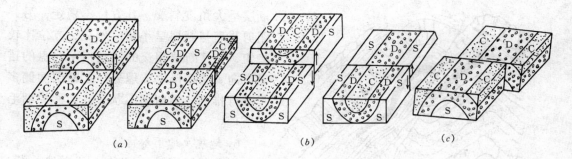

图 2‑22 垂直褶皱轴线的断层形成的地层特征

(a) 背斜；(b) 向斜；(c) 平移断层

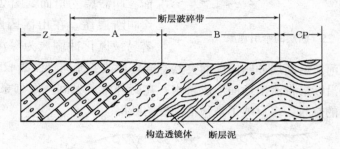

图 2‑23 构造岩

A—碎裂硅质白云岩；B—构造岩；Z—震旦系白云岩；

CP—石炭、二迭系地层

4．断层擦痕

在断层面上，由于上下盘相互滑动和磨擦，常留下具有一定方向的密集的微细刻槽的痕迹，称为擦痕（图 2‑24）。顺擦痕方向用手摸时，感觉光滑的方向即表示另一盘滑动的方向。在具有擦痕的滑面上有许多小陡坎，称为阶步，其陡的一侧常指示另一盘滑动的方向。根据擦痕和阶步可以判别断层两盘相对位移方向及断层性质。

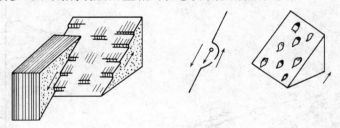

图 2‑24 擦痕和阶步

5．牵引现象及伴生节理

当断层两盘相对错动时，断层两侧岩层受到拖拉而形成弧形弯曲，称为索引现象，弧形突出的方向指示本盘相对错动的方向，据此可判别断层的性质（图 2‑25）。断层两侧的岩层由于断层剪切滑动而诱导的局部应力所产生的节理，称为伴生节理（图 2‑26）。伴生张节理多与断层斜交，其锐角指示本盘的错动方向。伴生剪节理常为两组，一组剪节理与

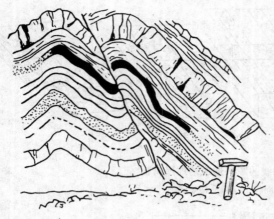

图 2-25　断层的牵引现象

断层呈大角度斜交，其方位不稳定；另一组剪节理与断层呈小角度斜交，方位比较稳定，与其断层相交的锐角指示对盘的错动方向。这些伴生节理分布在断层两侧多呈雁行排列，形似羽毛状，故又称为羽毛状节理。

6. 地貌及地下水特征

巨大断层反映在地貌上的突然变化，如山区与平原的分界处形成三角形山的坡面，叫断层三角面（图 2-27），形成的陡崖叫断层崖。在山区因断层带岩石破碎，容易被风化冲刷成为深沟峡谷。河谷常沿断层发育，常使河流沿断层冲刷侵蚀而突然急剧转弯改变流向（图 2-28）。断层切割地下含水层，地下水沿断层带流出地面形成泉水，在野外常可见到一系列泉眼沿断层带出露，尤是呈线状分布的热泉，多反映了现代活动性的断层。

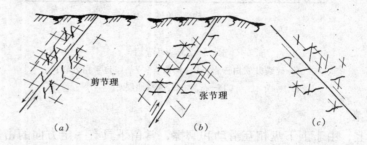

图 2-26　断层的伴生节理
（a）正断层；（b）逆断层；（c）平移断层

图 2-27　断层三角面

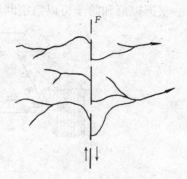

图 2-28　水系直角转弯
下推测断层

以上是在野外识别断层的主要标志，但不应孤立的根据一种标志进行分析，应详细地进行调查研究、综合分析判断，才能得到可靠的结论。

第四节 地 质 图

一、地质图的基本内容

地质图是反映各种地质现象和地质条件的图件，它是由野外地质勘测的实际资料编制而成，是地质勘测工作的主要成果之一。地质图的基本内容，一般是通过规定的图例符号来表示。

水利工程建设的规划、设计、施工阶段，都需要以地质勘测资料作为依据。因此，初步学会编制、分析、阅读地质图件的基本方法是很重要的。

（一）地质图的类型

地质图的种类很多，因经济建设的目的不同而有所侧重。在水利工程建设中，一般常用的图件有以下几种：

（1）普通地质图　主要是表示某地区地层岩性和地质构造条件的基本图件，它是把出露在地表不同地质时代的地层分界线，主要构造线，测绘在地形图上编制而成，并附以典型的地质剖面图和地层柱状图。它能够提供建筑地区地层岩性和地质构造等资料。

（2）地貌及第四纪地质图　主要是根据第四系沉积层的成因类型、岩性和生成时代，以及地貌成因类型、形态特征不同而综合编制的图件。在水工建筑地区，测绘编制第四系地质图是十分必要的。

（3）水文地质图　是表示地下水的水文地质条件的图件。它主要表示地下水的分布、类型、储量等。为某项工程建设的需要常编制专门水文地质图，如岩溶区水文地质图等。

（4）工程地质图　它是根据工程地质条件编制的，是在相应比例尺的地形图上表示各种工程地质勘察工作成果的图件。为某项工程建筑的需要而编制的专门性图件，叫做专门工程地质图。

（5）剖面图及柱状图　为水利工程建筑需要的有：坝址及其他建筑物工程地质剖面图、综合地层柱状图、钻孔柱状图等。

（二）地质图的规格

一幅完整的地质图，应有图名、图例、比例尺、编制单位和编制日期等。

在地质图例中，地层图例严格地要求自上而下或自左而右，从新地层到老地层排列。

比例尺是地质图精度的反映，比例尺越大图的精度越高，对地质条件的反映越详细、越准确。一般地质图比例尺的大小，是由水利工程的类型、规模、设计阶段和地质条件的复杂程度决定的。如在峡谷基岩地区筑坝，坝址在规划阶段的地质图比例尺为 $1:10000 \sim 1:5000$；初步设计阶段的比例尺为 $1:5000 \sim 1:2000$。

二、地质条件在地质图上的表示方法

地质图上一般反映地层岩性和地质构造等地质条件。这些条件需采用不同的符号和方法，才能综合在一幅地质图中。

（一）地层岩性

地层岩性是通过地层分界线、年代符号或岩性符号，再配合图例说明来反映的。地层分界线表示在地质图上有以下几种情况：

1. 层状岩层

在地质图上出现最多。它的分界线规律性强，形状是由岩层产状和地形之间的关系决定的。

1）当岩层水平时，岩层分界线与地形等高线平行或重合，水平岩层的厚度为该岩层顶面和底面的标高差。在地质平面图上的露头宽度，决定于岩层厚度和地形坡度（图 2-29）。

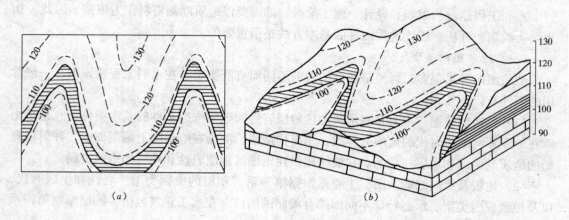

图 2-29　水平岩层在地质图上的特征

（a）平面图；（b）立体图

2）当岩层倾向与地形坡向相反时，岩层分界线的弯曲方向和地形等高线弯曲方向一致。即在沟谷处，岩层界线的"V"字形尖端指向沟谷的上游；穿越山脊时，"V"字形尖端指向山脊的下坡。但岩层界线的弯曲度比地形等高线的弯曲度总要小些（图 2-30）。

3）当岩层倾向与地形坡向一致时，若岩层倾角大于地形坡角，则岩层分界线弯曲方向和地形等高线弯曲方向相反，即在沟谷中，岩层界线"V"字形的尖端指向下游；在山

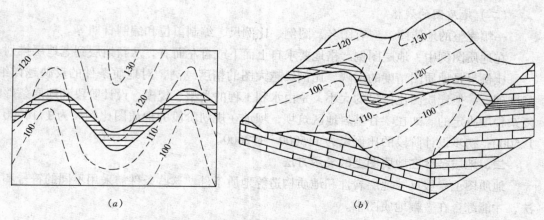

图 2-30　倾斜岩层在地质图上的特征（一）

（a）平面图；（b）立体图

脊上，则"V"字形的尖端指向山脊上坡（图2-31）。

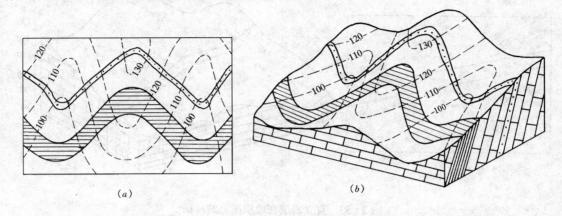

图2-31　倾斜岩层在地质图上的特征（二）
(a) 平面图；(b) 立体图

4）当岩层倾向与地形坡向一致时，若岩层倾角小于地形坡角，则岩层分界线弯曲方向和地形等高线弯曲方向相同。在沟谷中"V"字形尖端指向沟谷上游；在山脊上，"V"字形尖端指向山脊下坡（图2-32）。但与2）条件不同的是岩层界线弯曲度明显大于地形等高线的弯曲度。

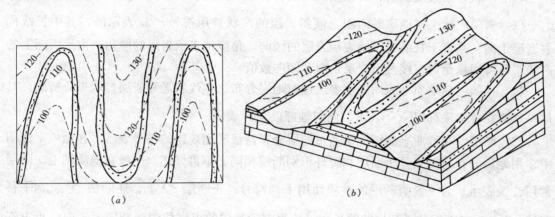

图2-32　倾斜岩层在地质图上的特征（三）
(a) 平面图；(b) 立体图

5）当岩层直立时，岩层分界线沿岩层走向延伸，不受地形影响，一般为直线，只有当其岩层走向改变或弯曲时，它才相应的转折或弯曲（图2-33）。

上述岩层在地质图上的特征，可总结成以下规律以便记忆：水平岩层平行、重合等高线；直立岩层是直线；倾斜岩层相反则相同，相同大相反，相同小相同。

2. 第四系松散沉积层

第四系松散沉积层和基岩分界线较不规则，但他有一定规律性，其分界线常在河谷斜坡、盆地边缘、平原和山区交界处，大体沿山脚等高线延伸。在冲沟发育、厚度大的松散

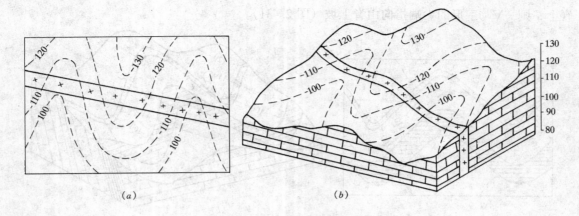

图 2 - 33　直立岩层在地质图上的特征

(a) 平面图；(b) 立体图

沉积层分布区，基岩常在冲沟底部出露。

3. 岩浆岩类岩体

岩浆岩类岩体的形状不规则，表示在地质图上为不规则的分界线。

(二) 地质构造

岩层产状、褶皱及断层、岩层接触关系，在地质图上的表示方法如下：

(1) 岩层产状　在地质平面图上倾斜岩层的产状是用符号 $\diagup_{40°}$ 表示的，其中长线代表岩层走向，垂直于长线的短线表示岩层的倾向，角度值表示岩层的倾角。由平面图上的产状符号可用量角器直接量出岩层走向和倾向数值。

(2) 褶皱　在地质平面图上主要通过对地层分布、年代新老和岩层产状来分析的。具体符号常在背斜轴部以 表示，向斜轴部以 表示。

(3) 断层　在地质平面图上是通过地层分布特征和用规定的符号表示。在地质平面图中，用地层分布特征来分析断层和野外识别断层相同，不再详述。一般在地质图上，断层常用红线表示。为了说明断层的性质而用下列符号：正断层 $\diagup_{56°}$，逆断层 $\diagup_{35°}$，平移断层 $\diagup_{74°}$，正断层和逆断层的符号中，长线表示断层的出露位置和断层面走向；垂直于长线带箭头的短线表示断层面倾斜方向；数值表示断层面的倾角。平移断层中是用平行于长线带箭头的短线表示断层两盘的相对运动方向，数值表示断层面的倾斜角度。

(三) 岩层接触关系

岩层接触关系是表示不同地质时代岩层在空间上的接触形式，它反映了地壳运动的发展和地质构造形成的历史、古地理环境和岩性特征。岩层接触关系从成因上可分为以下类型（图 2 - 34）。

(1) 整合接触　是岩层产状基本平行，连续沉积形成的地层接触关系。一般岩性变不大或是逐渐变化的，不缺失某个时代的地层。整合接触反映了岩层形成时地壳比较稳定没有显著的构造运动，古地理环境变化很小。在地质图上岩层分布界线平行一致。

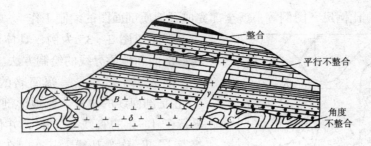

图 2-34　岩层接触关系示意图

AB—沉积接触面；AC—侵入接触面；δ—侵入岩体；γ—岩脉

（2）平行不整合接触　是指两套岩层间虽然产状大致相同，但其中缺失某些地质年代的地层。接触面起伏不平，有时还保存有古风化壳，在接触面间常分布一层砾岩，称为底砾岩。平行不整合代表了两套岩层沉积之间，发生过一段时间的沉积间断。因此，剖面上岩层分界线起伏不平，平面图上地层不连续有缺失。

（3）角度不整合接触　不整合面上下两套地层间缺失某些地层，彼此间的产状不同，呈角度接触。接触面常起伏不平，也有底砾岩和风化壳存在。角度不整合代表了两套岩层沉积之间，地壳发生了剧烈运动，使先生成的岩层产生隆起、褶皱，然后再下沉接受新的沉积。上覆新地层与下伏不同时代的老地层以一定的角度直接相接触。

以上所述整合、平行不整合、角度不整合接触是最基本的类型。此外，岩浆岩与周围岩层的接触关系，有沉积接触和侵入接触两种。

（4）沉积接触　先形成的岩浆岩，遭受风化剥蚀，然后在其上又沉积了新的岩层（图2-34中AB）。在沉积接触面附近，围岩中常有岩浆岩风化碎块，但没有蚀变变质现象，在平面图上可见到岩浆岩的边界线被沉积岩界线截断。

（5）侵入接触　先形成的岩层被后期的岩浆岩侵入（图2-34中AC），此时围岩因受岩浆影响而产生蚀变现象。在接触带，围岩常因岩浆岩侵入穿插而分布零散，并使岩石破碎。在图上表现为沉积岩被岩浆岩穿插，界线被突然截断。

三、地质剖面图和综合地层柱状图的编制

（一）地质剖面图

根据地质平面图绘制剖面图时，首先要在平面图中确定剖面线的位置。一般剖面线的方向尽量垂直岩层走向、褶皱轴或断层线方向，这样才能更清楚全面地反映地质构造形态。但为某种工程建筑需要的剖面图，常沿建筑物轴线方向绘制，如沿坝轴线、隧洞和渠道中心线等。

其次，应根据剖面线的长度和通过的地形，按比例尺画地形轮廓线。一般剖面图的水平比例尺和垂直比例尺应与平面图的比例尺一致。有时因平面图的比例尺过小，或地形平缓时，也可将剖面图的垂直比例尺适当放大，但此时剖面图中所采用的岩层倾角需进行换算，而且此时的剖面图对构造形态的反映有一定程度的失真。

画完地形轮廓线后，就可将岩层界线、断层线等，投影到地形轮廓线上，然后，再根据岩层倾向、倾角、断层面产状等画出岩性及断层符号，加注代号。最后再标出剖面线方向，写上图名、比例尺、图例等，就全部完成了地质剖面图的绘制工作。

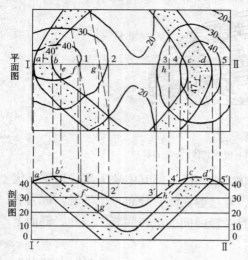

图2－35　地质剖面图的绘制方法

下面以图2－35为例，具体说明剖面图中地形剖面和地质界线的绘制方法。

图2－35上部是一幅简略的地质平面图。Ⅰ-Ⅱ是剖面线的位置。作地形剖面时，首先作平行于Ⅰ-Ⅱ的直线Ⅰ′-Ⅱ′，并使两者长度相等，Ⅰ′-Ⅱ′称为基线。其次，在基线两端向上引垂线，并按一定间距作平行于基线的直线，以代表剖面的不同高程。剖面线Ⅰ-Ⅱ与平面图中的地形等高线的交点分别为1、2、3、4、5，可自基线的左端点起量取和剖面线上Ⅰ-1线段相等的距离，并投影到相应的高程线上，或通过1点作剖面线Ⅰ-Ⅱ的垂线到剖面的相应高程线上，都可得到点1的投影点1′。同理，可求得点2、3、4、5的投影点2′、3′、4′、5′，最后将各点连接成圆滑的曲线，即是地形剖面轮廓线。

地质界线在地形剖面线上的投影方法和等高线的投影方法相似，该平面图中仅表示了一个弯曲的岩层，这个岩层的界线和剖面线Ⅰ-Ⅱ的交点为a、b、c、d，投影到地形剖面线上则分别为$a′$、$b′$、$c′$、$d′$，根据平面图中岩层界线画剖面图中岩层分界线时，有两种情况：

1）当图中已标出岩层产状，若剖面线和岩层走向垂直时，可直接根据岩层产状在剖面上绘出岩层界线和岩性符号，如图的右半部，岩层走向与剖面线垂直，岩层倾向西，倾角47°，剖面图中的岩层界线应朝左下方画线，斜线与水平线的夹角为47°；若剖面线与岩层走向不垂直时，需根据岩层倾角及剖面线和岩层走向间的夹角，把岩层倾角换算成视倾角。视倾角可根据图2－36推导出公式计算。

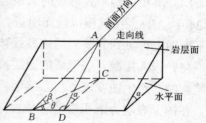

图2－36　真倾角与假倾角换算图

$$tg\beta = \sin\theta \cdot tg\alpha$$

式中　β——视倾角；

　　　θ——剖面线和岩层走向线夹角；

　　　α——岩层真倾角。

2）当图上没标出岩层产状时，可根据地形等高线与岩层界线的交点，求出岩层不同高度的走向线，如图2－35中，岩层顶面的走向线与剖面线的交点为e、f、g、h，它们分别投影到剖面图中相应高程线上，可得$e′$、$f′$、$g′$、$h′$，分别连接各部分投影点，就得出了剖面图中的岩层界线。

（二）综合地层柱状图

综合地层柱状图是把一个地区从老到新出露的地层岩性、最大厚度、接触关系等，自下而上按原始形成次序用柱状图的形式表示出来，但不反映褶皱和断裂条件（图2-37）。

有时，按比例尺无法表示出对工程具有重要意义的软弱夹层时，可用扩大比例尺或用特定符号的方法把它表示出来。为工程用的综合地层柱状图中，除一般性描述外，还应描述岩层的工程地质性质。

综合地层柱状图，对了解一个地区的地层特征和地质发展史等很有帮助，因此，常将它和地质平面图及剖面图放在一起，相互对照补充，共同说明一个地区的地质条件。

四、地质图的阅读分析

在学习地质基本知识的基础上，进行地质图的阅读与分析，以了解工程建筑地区的区域地层岩性分布和地质构造特征，分析其有利与不利的地质条件，对水工建筑物的影响，具有很重要的实际意义。

（一）阅读地质图的方法

1）先看图名和比例尺，以了解该图幅的位置、范围及精度。如图的比例尺是1:5000，即图上1cm相当于实地距离50m。

2）阅读图例，了解图中有哪些地质年代的岩层及其新老关系；

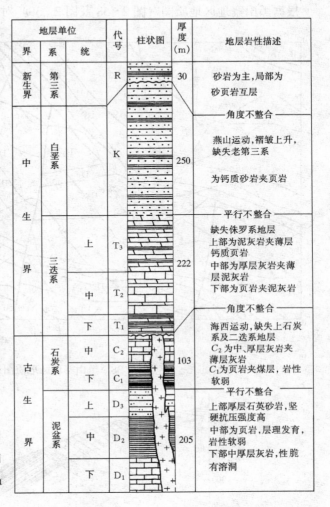

图2-37 黑山寨地区综合地层柱状图

并熟悉图例的颜色及符号，若附有地层柱状图时，可与图例配合阅读。综合地层柱状图较完整、清楚地表示地层的新老次序，岩层厚度，岩性特征及接触关系等。

3）分析地形地貌，了解本区的地势起伏，相对高差，山川形势，地貌特征等。

4）阅读地层的分布、产状及其和地形的关系，分析不同地质时代的地层分布规律，岩性特征及新老岩层的接触关系，了解区域地质的基本特点。

5）阅读图上有无褶皱，褶皱类型、轴部、翼部的位置；有无断层，断层性质、分布、断层两侧地层的特征，分析本地区地质构造形态的基本特征。

6）综合分析各种地质现象之间的关系，规律性及其地质发展简史。

7）在上述分析的基础上，对图幅范围内的区域地层岩性条件和地质构造特征，可结合工程建筑的要求，进行初步分析评价。

（二）黑山寨地区地质图的阅读分析

根据黑山寨地区地质图（图2-38及图2-39）对该地区地质条件进行分析阅读如下：

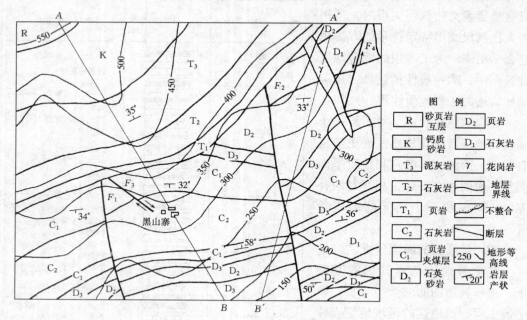

图2-38　黑山寨地区地质图 1:10000

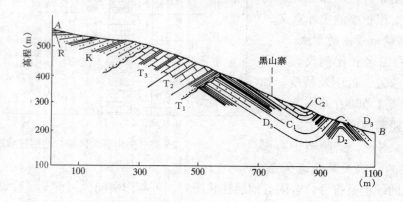

图2-39　黑山寨地区地质剖面图 1:1000

1．比例尺

地质图比例尺为1:10000，即图上1cm代表实地距离100m。

2．地形地貌

本区西北部最高，高程约为570m；东南较低，高程约为100m；相对高差约470m。东部有一山岗，高程约为300m。顺地形坡向有二条较大的沟谷，为近南北向 F_1 和 F_2 断层破碎带经风化侵蚀所形成。

3．地层岩性

本区出露地层从老到新有：古生界——下泥盆统（D_1）石灰岩、中泥盆统（D_2）页岩、上泥盆统（D_3）石英砂岩；下石炭统（C_1）页岩夹煤层、中石炭统（C_2）石灰岩。中生界——下三迭统（T_1）页岩、中三迭统（T_2）石灰岩、上三迭统（T_3）泥灰岩；白垩系（K）钙质砂岩。新生界——第三系（R）砾岩层。古生界地层分布面积较大，中生界、新生界地层出露在北部和西北部。

除沉积岩层外，还有细晶花岗岩脉（γ）侵入体，出露在东北部。

4．地质构造

（1）岩层产状　R为水平岩层；T、K为单斜岩层，其产状为NW330°∠35°（即岩层倾向北偏西330°，倾角35°，以下同）；D、C地层大致近东西至北东东向延伸。

（2）褶皱　古生界地层以D_1至C_2由北部到南部形成三个褶皱，依次为背斜、向斜、背斜。褶皱轴向为75°～80°。

1）东北部背斜：背斜核部较老地层为D_1，北翼在图幅内仅见到D_2，产状NW345°∠33°；南翼由老到新为D_2、D_3、C_1、C_2，岩层产状SE165°∠33°；两翼岩层对称重复，倾角相等，故为直立背斜构造。

2）中部向斜：向斜核部较新地层为C_2，北翼地层由新到老为C_1、D_3、D_2、D_1，产状SE165°∠33°；南翼出露地层为C_1、D_3、D_2、D_1，其产状为NW345°∠56°；两翼岩层对称重复，倾角不等，故为倾斜向斜构造。

3）南部背斜：背斜核部地层为较老地层D_1；北翼地层为D_2、D_3、C_1、C_2，产状SW245°∠56°；南翼地层为D_2、D_3、C_1，产状SE165°∠50°，两翼岩层对称重复，但倾角不等，故为倾斜背斜构造。

褶皱发生在中石炭世（C_2）之后，下三迭世（T_1）以前，因为T_1以前从D_1至C_2的地层全部经过了褶皱变动。

（3）断层　本区有两条较大断层F_1和F_2，因岩层沿走向方向不连续，断层走向为NW345°，断层面倾角较陡，微向中间倾斜（F_1，NE25°∠65°；F_2，SW255°∠65°），两断层都是横切向斜和背斜轴的正断层。从断层两侧向斜核部C_2地层出露宽窄分析，说明F_1和F_2间岩体相对下移为下降盘，所以由F_1和F_2断层形成了地堑。

此外尚有F_3、F_4两条断层，F_3走向NW300°，F_4走向NE30°，为规模较小的平移断层。

断层也形成于中石炭世（C_2）之后，下三迭世（T_1）以前，因为断层没有截断T_1以后的岩层。

从该区褶皱和断层分布的时间和空间来分析，它们是形成于中石炭世之后，下三迭世以前，是处于同一构造应力场，受同一次构造运动所形成的。压应力主要来自近南北方向（NNW至SSE），故褶皱轴为近东西向（NEE至NWW）。F_1、F_2两断层主要是受张应力作用而形成的正断层，故断层走向与张应力方向垂直，大致与压应力方向平行，而F_3、F_4断层，则为剪应力作用而形成的平移断层。

5．接触关系

第三系（R）与其下伏的白垩系（K）为角度不整合接触。

白垩系（K）与下伏三迭系（T₃）之间缺失侏罗系（J），虽 T₃ 与 K 岩层产状大致平行，仍只能是平行不整合接触。

下三迭系（T₁）与下伏石炭系（C）及泥盆系（D）地层直接接触，中间缺失二迭系（P）及上石炭统（C₃），且产状成角度相交，故为角度不整合接触。

细晶花岗岩脉（γ）切穿泥盆系（D）及下石炭统（C₁）地层并侵入其中，故为侵入接触。因未切穿上覆下三迭统（T₁）地层，故 γ 与 T₁ 为沉积接触关系。说明细晶岩脉（γ）形成于下石炭统（C₁）以后，下三迭统（T₁）以前，但规模较小，其岩脉产状大致呈北北西至南南东向成条带状分布的直立岩墙。

6. 地质发展简史

在地质历史发展过程中，整个泥盆系和中石炭统期间，地壳处于缓慢下降阶段，故本地区一直接受沉积。中石炭统以后，受海西运动的影响，地壳发生剧烈变动，岩层褶皱、产生断层，并伴随有岩浆侵入，本地区上升为陆地，遭受风化剥蚀。直到早三迭统时，又沉降到海平面以下，重新接受海相沉积。到晚三迭统后期，地壳大面积缓慢持续上升为陆地。侏罗系期间遭到风化剥蚀。直到白垩系又缓慢下降，处于浅海沉积环境。到白垩系后期，再次受燕山运动的影响，本区东南部大幅度上升，西北部上升幅度较小，三迭系及白垩系地层受构造作用产生倾斜。中生界后期至今，地壳无剧烈构造变动，所以新生界第三系地层产状平缓。

第五节　地　　震

一、地震及其成因类型

地震主要是构造运动所引起的现今地壳震动的一种地质现象。强烈的地震严重地威胁着广大人民生命财产的安全和国家社会主义建设事业。因此在修建水工建筑物时，应当研究建筑区发生地震的可能性及影响程度，以便采取相应的防震抗震措施。

地壳内部发生震动的地方称震源。在地面上与震源正相对应的地方称震中。地震所引起的振动，自震源向各方传播，其强度随距离的增加而递减。一般情况下，震中区受影响最大，距震中越远影响越小。地面上受震影响相同点的连线称等震线。强震时，震中区常成为受震害最严重的极震区（图 2 - 40）。

地震按照震源深度可分为：浅源地震——震源深度 0～70km；中源地震——震源深度 70～300km；深源地震——震源深度 300～700km。

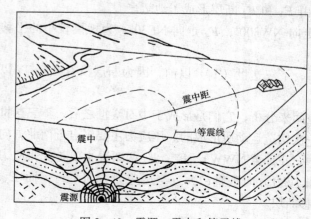

图 2-40　震源、震中和等震线

地震按照成因可分为：构造地震、火山地震、陷落地震及水库地震等。

1．构造地震

由于地壳构造运动，在岩层中逐渐积累了巨大的地应力。当地应力超过某处岩层强度时，就会突然发生破裂和断层错动，岩层中积累的能量便急剧地释放出来，从而引起周围物质震动，并以弹性波（即地震波）的形式向四周传播，待地震波传至地面，地面就震动起来，这种地震称构造地震。构造地震是地壳发生变形破裂的结果，占地震总数的90%。据统计其中有72%发生于地表以下33km以上的地壳中，属浅源地震。深度大于300km的仅占4%，震源越深对地面影响越小。浅源地震对地面破坏性最大，世界上所有灾害性地震都是浅源地震，我国发生的地震，绝大多数也属于浅源地震。

2．火山地震

在火山活动区，因火山喷发引起附近地区发生震动，称火山地震。

3．陷落地震

由于石灰岩地区地下溶洞及旧矿坑的塌陷，或大规模的山崩等引起的地震，叫陷落地震或塌陷地震。这种地震影响范围小，也较少见。

4．水库地震

是指由于水库蓄水引起的地震。它一般与水库区存在的活动性断裂构造有关，水库蓄水后诱发了断裂构造复活，因而产生了水库地震。

除水库地震外，在一定地质构造条件下，由人工向深的钻井中注水或抽水，以及地下核爆炸等都可能引起地震。

二、地震震级和地震烈度

（一）地震震级

地震震级是表示一次地震中释放出的能量大小，释放出的能量越多，震级越大。地震震级也叫地震强度。震级是根据仪器记录到的地震波的振幅来确定的，目前记录到的最大地震还没有超过8.9级的。1976年7月28日我国唐山发生的地震是7.8级。表2－6是地震震级能量表。一般7级以上地震

表2－6　　　　地震震级能量表

震级	能量 (erg)	震级	能量 (erg)
1	2.0×10^{13}	6	6.3×10^{20}
2	6.3×10^{14}	7	2.0×10^{22}
3	2.0×10^{16}	8	6.3×10^{23}
4	6.3×10^{17}	9	3.6×10^{24}
5	2.0×10^{19}	10	1×10^{25}

称为大地震；5级和6级地震称为强震；3级和4级地震称为弱震或小震；3级以下地震称微震。

（二）地震烈度

地震烈度是指地震时，地面受到的影响和破坏程度。地震烈度不仅与震级有关，还和震源深度、距震中距离以及地震波通过的介质条件（如岩性、地质构造、地下水埋深）等多种因素有关。一般情况下，震级越高、震源越浅、距震中越近，地震烈度就越高。根据我国1911年以来152次浅震资料，地震震级（M）和震中烈度（I_0）有如下关系：

$$M = 0.66I_0 + 0.98$$

另据研究，当环境条件相同时，震中区地震烈度和震级及震源深度有如表2－7中所

列的关系。

可以看出，震级和烈度是两个不同的概念，同一次地震，震级只有一个，而烈度则随地区的不同而不同。在工程建设中，划分建筑区的地震烈度是很重要的，因为一个工程从建筑场地的选择，工程建筑的抗震措施等都与地震烈度有十分密切的关系。

地震烈度表通常是根据地震发生后，地面的宏观现象和定量指标两方面的标准划定的。目前通用的地震烈度表还是以宏观现象描述为主，如人的感觉、器物反应，建筑物的破坏和地表现象等。除少数国家外，国际上普遍采用的是把地震烈度划分十二度。表2-8中是中国科学院地球物理研究所，根据我国的实际情况编制的地震烈度鉴定标准表。

表2-7　　　　　　　　　　　　震中烈度与震级及震源深度关系表

震中烈度　　震源深度（km）　　震级	5	10	15	20	25
2	3.5	2.5	2	1.5	1
3	5	4	3.5	3	2.5
4	6.5	5.5	5	4.5	4
5	8	7	6.5	6	5.5
6	9.5	8.5	8	7.5	7
7	11	10	9.5	9	8.5
8	12	11.5	11	10.5	10

表2-8　　　　　　　　　　　　中国地震烈度鉴定标准表

烈度	名　称	加速度 a（cm/s²）	地震系数 K_c	地　震　情　况
I	无感震	<0.25	$<\frac{1}{4000}$	人不能感觉，只有仪器可以记录到
II	微震	0.26～0.50	$\frac{1}{4000}\sim\frac{1}{2000}$	少数在休息中极宁静的人能感觉，住在楼上者更容易
III	轻震	0.6～1.0	$\frac{1}{2000}\sim\frac{1}{1000}$	少数人感觉地动（像有轻车从旁边过），不能即刻断定是地震。振动来自方向或持续时间有时约略可定
IV	弱震	1.1～2.5	$\frac{1}{1000}\sim\frac{1}{400}$	少数在室外的人和极大多数在室内的人都感觉，家俱等有些摇动，盘、碗和窗户玻璃振动有声。屋梁和天花板等略略作响，缸里的水或敞口皿中的液体有些荡漾，个别情形惊醒睡觉的人
V	次强震	2.6～5.0	$\frac{1}{400}\sim\frac{1}{200}$	差不多人人感觉，树木摇晃，如有风吹动。房屋及室内物件全部振动，并格格作响。悬吊物如帘子、灯笼、电灯等来回摆动，挂钟停摆或乱打，盛满器皿中的水溅出，窗户玻璃出现裂纹。睡觉的人惊逃户外
VI	强震	5.1～10.0	$\frac{1}{200}\sim\frac{1}{100}$	人人感觉，大部分惊骇跑到户外，缸里的水剧烈荡漾，墙上挂图、架上书籍掉落，碗碟器皿打碎，家俱移动位置或翻倒，墙上灰泥发生裂缝，坚硬的庙堂房屋亦不免有些地方掉落一些泥灰，不好的房屋受到相当的损伤，但还是轻的

64

烈度	名　称	加速度 a (cm/s²)	地震系数 K_c	地 震 情 况
Ⅶ	损害震	10.1～25.0	$\frac{1}{100}～\frac{1}{40}$	室内陈设物品及家俱损伤甚大。庙里的风铃叮当作响，池塘里腾起波浪并翻起浊泥，河岸砂碛处有崩滑，井泉水位有改变，房屋有裂缝，灰泥及塑雕装饰大量脱落，烟囱破裂，骨架建筑物的隔墙亦有损伤，不好的房屋严重损伤
Ⅷ	破坏震	25.1～50.0	$\frac{1}{40}～\frac{1}{20}$	树木发生摇摆，有时折断。重的家俱物件移动很远或抛翻，纪念碑从座下扭转或倒下，建筑较坚固的房屋如庙宇也被损害，墙壁裂缝或部分裂坏，骨架建筑物隔墙倾脱。塔或工厂烟囱倒塌，建筑特别好的烟囱顶部亦遭破坏。陡坡或潮湿的地方发生小裂缝，有些地方涌出泥水
Ⅸ	毁坏震	50.1～100.0	$\frac{1}{20}～\frac{1}{10}$	坚固建筑物如庙宇损坏颇重，一般砖砌房屋严重破坏，有相同数量的倒塌，而且不能再住。骨架建筑物根基移动，骨架歪斜，地上裂缝颇多
Ⅹ	大毁坏震	100.1～250.0	$\frac{1}{10}～\frac{1}{4}$	大的庙宇，大的砖墙及骨架建筑连基础遭受破坏，坚固的砖墙发生危险的裂缝，河堤、坝、桥梁、城垣严重损伤，个别的被破坏，钢轨亦挠曲，地下输送管道破坏，马路及柏油街道起了裂缝与皱纹，松散软湿之地开裂有相当宽而深的长沟，且有局部崩滑。崖顶岩石有部分剥落，水边惊涛拍岸
Ⅺ	灾　震	250.1～500.0	$\frac{1}{4}～\frac{1}{2}$	砖砌建筑全部坍塌，大的庙宇与骨架建筑亦只部分保存。坚固的大桥破坏、桥柱崩裂、钢梁弯曲（弹性大的大桥损坏较轻）。城墙开裂破坏，路基、堤坝断开，错离很远，钢轨弯曲且突起，地下输送管道完全破坏，不能使用，地面开裂甚大，沟道纵横错乱，到处土滑山崩，地下水夹泥砂从地下涌出
Ⅻ	大灾震	500.1～1000.0	$>\frac{1}{2}$	一切人工建筑物无不毁坏，物体抛掷空中，山川风景变异，河流堵塞，造成瀑布，湖底升高，地崩山摧，水道改变等

注 $K_c = a/g$（式中 a 为地震加速度，g 为重力加速度）。

三、我国地震的分布

地震，特别是强地震的分布是不均匀的，往往密集于一定的地区和地带，这就是通常所说的地震区和地震带。世界上的地震主要集中在环太平洋地震带和喜马拉雅——地中海地震带。我国东部有环太平洋地震带的西太平洋地震带通过台湾省，并影响到福建、广东两省的沿海地区；我国西部和西南边界是喜马拉雅——地中海地震带经过的地方，使我国西部地区地震活动性明显增强，这就使我国成为一个多地震的国家。

从历史地震情况看，全国大约除三分之一的省区地震活动较弱，频度较低外，其余大部分地区均发生过较强的破坏性地震，不少地区现代地震活动还相当强烈。根据地震活动的强度和频度，我国大致可划分以下三种情况：

（一）地震活动强烈区

包括台湾、西藏、新疆、甘肃、青海、宁夏、云南、四川西部等省区。这些地区中除少数地方历史记载较早外，大部分地区由于人烟稀少，从1900年以后才有记录。但就在这短短的七十多年中，强烈地震一再发生，在强度和频度方面已大大超过其他地区，是我国地震活动最显著的地区，占全国地震总数的80％。

（二）地震活动中等地区

包括河北、山西、陕西关中地区、山东、辽宁南部、吉林延吉地区，这些地区地震强度可达7～8级，只是频度较低，地理分布上也不如前类地区密集，这类地区地震活动约占全国的15％。近十年来，从河北到辽南这个范围内，地震有了明显的加强，如邢台地震、海城地震及唐山地震等，都发生在这一带。因这里人口稠密，地震造成的破坏极大，因而引起人们的极大重视。

（三）地震活动较弱地区

包括江苏、浙江、江西、湖南、湖北、河南、贵州、四川东部、黑龙江、吉林及内蒙古的大部分。这类地区多数都没有发生破坏性的地震，偶尔发生的破坏性地震，最大震级也只有6级左右，而且强震时间间隔很长，一般均在百年以上。

应当指出的是上述地震活动性分类，是按我国行政区划考虑的，但地震分布是不均匀的，往往是成带出现的。因此，即使在上述地震活动强烈地区，地震分布也是有的地段集中，有的地段稀疏。如我国西部地区，地震主要发生在强烈隆起的青藏高原四周、横断山脉、天山南北麓、祁连山、贺兰山一带；东部地震则主要发生在汾渭地堑、河北平原、郯城——庐江大断裂带等地区。这些都是由地质构造条件造成的，因为地震都是发生在地质构造的一些特定部位上。

复习思考题

1. 什么叫地壳运动？其基本形式如何？

2. 地层年代是怎样划分的？

3. 什么叫岩层的产状要素？请绘图并详述之。

4. 褶皱的基本类型是什么？请按其定义画出二步演义图。

5. 褶皱构造在野外是怎样识别的？

6. 什么叫断裂构造？包括哪些内容？

7. 什么叫剪节理？什么叫张节理？其力学成因上有什么关系？怎样在野外识别这两种节理？

8. 试绘图表示断层要素？

9. 断层都有哪些基本类型？绘图并叙述之。

10. 断层在野外是怎样识别的？

11. 地质图的类型有几种？

12. 地质图上各种地质现象是怎样表示的？

13. 怎样阅读地质图？

14. 节理玫瑰花图和地质剖面图是怎样绘制的？

15. 什么叫地震？震级和烈度有什么关系？

16. 我国地震分布的基本情况如何？

17. 背熟地层年代表，记住其代表符号。

18. 请连接〔习题〕图2-1中（*a*）、（*b*）、（*c*）、（*d*）四图。并说明褶皱类型，再用（*e*）、（*f*）二平面图作剖面图，同样说明褶皱类型？

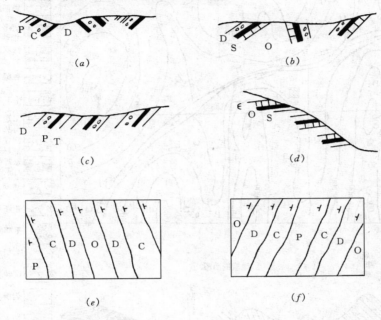

〔习题〕图2-1 判断褶皱类型图

19. 根据平面〔习题〕图2-2，绘出剖面图，并注明断层性质。

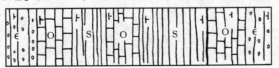

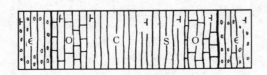

〔习题〕图2-2 判断断层示意图

20. 试绘图表示岩层的接触关系（整合、平行不整合、角度不整合，侵入、沉积接触）。

21. 阅读地质图［习题］图2-3，并绘制综合地层柱状图。

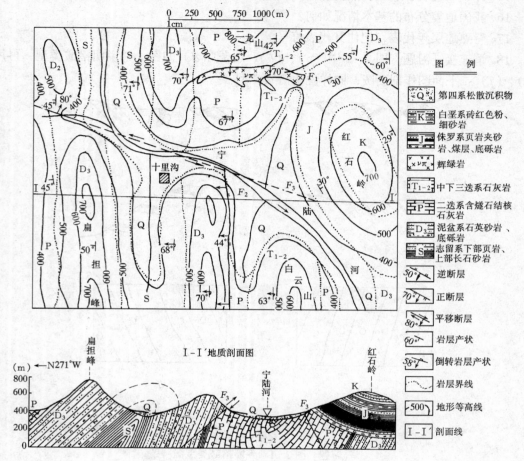

［习题］图2-3　宁陆河区地质图

第三章　水流地质作用及地貌

陆地表面流动着的液态水称为地面流水。它在重力作用下，顺着地面最大倾斜方向流动。

地面流水主要来自大气降水，其次是冰雪融水和地下水。此外，湖水也可成为地面流水的来源。

无数股无固定流路的细小水流，顺斜坡呈片状流动的叫片流。片流遇到凹凸不平的地面时，水便集中到低洼的沟中流动，形成洪流。洪流不仅水量集中，而且还有固定的流道。片流和洪流都出现在降雨及雨后很短一段时间内，或冰雪融化时，因此，它们都是暂时性水流。片流、洪流流到低洼沟谷中获得地下水补给，汇合成经常性水流，即成为河流。许多小河汇合成大河流入湖或海。

地面流水直接流入同一条河流的区域叫流域。流域之间的高地叫分水岭。分水岭两坡的降雨和冰雪融水，分别流入不同的河流。流域内大大小小的河流汇集成的水网叫水系。

片状水流沿斜坡面向下漫流，对地面进行洗刷，降低坡面，同时产生坡积物。片状水流作用十分广泛，往往能造成严重水土流失，增加河流的含砂量。暂时性洪流冲刷地表土层或岩层而形成沟槽，称为冲沟，其堆积物称为洪积物。而经常性河流则形成河谷冲积物。

流水可使某些岩石（土）溶解、软化、泥化、崩解以及产生渗透变形等，从而改变了岩石（土）的物理力学性质，影响岩（土）体的稳定。在碳酸盐类岩石分布的地区，由于流水的地质作用，尤其是含 CO_2 的地下水长期作用的结果而发育成独特的岩溶，具有特殊的水文地质和工程地质条件。

本章主要介绍流水的地质作用及其产物，河谷地貌等基本知识。

第一节　地表水流的地质作用

一、河流的地质作用

河流所流经的槽状地形称为河谷，河谷是由谷底和谷坡两大部分组成（图 3-1）。谷底包括河床及河漫滩，河床是指平水期水占据的谷底，或称河槽；河漫滩是河床两侧洪水时才能淹没的谷底部分，而枯水时则露出水面。谷坡是河谷两侧的岸坡。谷坡下部常年洪水不能淹没并具有陡坎的沿河平台叫阶地，但并不是所有的河段均有。

河水流动时，对河床进行冲刷破坏，并将所侵蚀的物质带到适当的地方沉积下来，故河流的地质作用可分为侵蚀作用、搬运作用和沉积作用。

（一）河流的侵蚀作用

河流的侵蚀作用包括机械侵蚀和化学侵蚀两种基本方式。前者最为普遍，后者在可溶

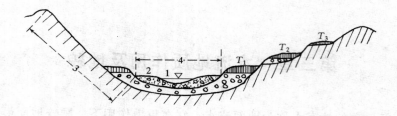

图 3-1　河谷的组成

1—河床；2—河漫滩；3—谷坡；4—谷底；

T_1—堆积阶地；T_2—基座阶地；T_3—侵蚀阶地

性岩石分布地区比较显著。河流侵蚀是向两个方向发展的，即向河床下切和向两岸侵蚀，分别称为下蚀（或垂直侵蚀）与侧蚀（或侧向侵蚀）。

1. 下蚀作用

河流的下蚀作用，是指河水对河床底部的冲刷加深及水流所携带的砂砾石对谷底的磨蚀加深。山区河流，一般由于地势高，河床坡度陡，流速大，向下侵蚀的能量强，往往形成峡谷。平原河流一般下蚀作用微弱，甚至没有。

河流的下蚀作用，往往受河床中造成急流或瀑布的坚硬岩石表面、支流汇入主流的河水面、流入湖泊的湖水面以及人工筑坝等的影响。如果它们的位置不降低，其上游的河床一般不会下蚀得比它们更低，这些起着暂时性和局部性控制上游河段下蚀作用的面，称为局部侵蚀基准面。

由于地球上大多数河流汇入海洋，那里是河流出口的最低地方。河流的下蚀作用并不是无限止的进行，当河流下蚀作用达到一定深度即河床趋近于海平面时，河流的下蚀作用就停止了，这个使河流下蚀作用不再发生的海平面称为河流的侵蚀基准面。但它只是一种潜在的基准面，并不能决定整条河的实际侵蚀作用过程，在特殊情况下，某些河段还能下蚀得比它更低。如长江三峡中许多地方河床低于黄海海面以下，最深的南津关深槽达海面以下 45m。

在河流不断下蚀加深河床的过程中，同时还表现出另一方向的侵蚀作用，即河流的源头逐渐向分水岭方向延伸，称为向源侵蚀（溯源侵蚀）。

2. 侧蚀作用

河水在流动过程中，由于受河床的岩性、微地形、地质构造以及地球的自转等影响，河流不可能是笔直流的，往往发生弯曲。在弯曲河道中，由于离心力的作用，使主流线偏向河流的凹岸，从而形成了如图 3-2 所示的不对称螺旋状横向环流，表层水流流向凹岸，而底层水流流向凸岸。

横向环流引起凹岸的侧向侵蚀，是使凹岸坡的下部掏空，上部垮落，致使河流不断向凸岸或下游适当地点堆积（图 3-2）。随着侧蚀作用的继续进行，凹岸不断后退而凸岸则向河心增长，结果导致河谷越来越宽，河槽越渐弯曲（图 3-3）。

当河流弯曲得厉害时，发展成为河曲（蛇曲），如图 3-4。当河曲发展到一定程度时，在其上下游两个相邻的弯曲之间的最窄地带，某一次洪水时被冲开变成直线段，叫做河流

70

的截弯取直，而被废弃的河道则逐渐淤塞断流，成为与新河道隔开的牛轭湖（图 3-4）。

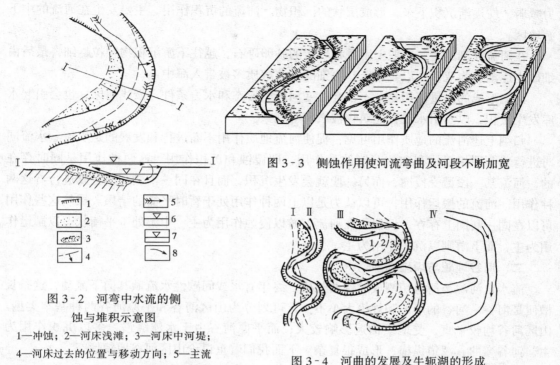

图 3-2　河弯中水流的侧
蚀与堆积示意图

1—冲蚀；2—河床浅滩；3—河床中河堤；
4—河床过去的位置与移动方向；5—主流
线；6—洪水位；7—平水位；8—洪水期
河床中水的横向环流

图 3-3　侧蚀作用使河流弯曲及河段不断加宽

图 3-4　河曲的发展及牛轭湖的形成

　　总的说来，河流的侵蚀作用对河谷的形成和发展，是有决定意义的。其中由下蚀切成的深河槽和侧蚀对河岸的破坏，在工程地质方面都有重要意义。

　　（二）河流的搬运作用

　　河水夹带了大量的泥砂和溶解物质，不断地从上游向下游搬运，最后带入湖泊或海洋。流水的搬运力，主要取决于流速与被搬运物质本身的重量，按埃里定律，被搬运物质的重量与流速六次方成正比，即流速增加一倍，搬运力可增加 64 倍。所以山区河流在洪水期间可以搬运很大的石块。

　　河流搬运物质的方式有推运、悬运和溶解运三种，相应的搬运物质被称为推移质，悬移质和溶解质。溶解运就是物质溶解在水中而被搬运，被溶解的物质为各种可溶盐类，其中以碳酸盐类为最多。推运是物质以滑动、滚动和跳跃等方式沿河底运移。悬运则是物质在水流中悬浮运移。后两种搬运方式的区别，主要由流速和粒径来决定，如果流速增加，即使较粗的颗粒也可成为悬移质，相反，流速减小，较细的颗粒也可能成为推移质。

　　河水的搬运能力影响到河床的稳定性。因为河床的稳定程度与流速、比降和河床泥砂的粒径有关。泥砂的运移既随流速的增大而加强，所以在洪水期河床的稳定程度最差；但是流速决定于比降，当其它条件相同时，比降大的河床更易变形；同时，河床变形的强度也决定于河床泥砂的粒径，粒径越粗，越不易变形。

　　（三）河流的沉积作用

河水挟带的泥砂，由于河床坡度和流量减小而使流速变缓，或含砂量增加，引起搬运力减弱，便逐渐沉积下来，形成层状的沉积物。河流的沉积作用，主要发生在河流的中下游地区。

在河流纵剖面上，一般上游沉积较粗的砂卵砾石，越往下游沉积物颗粒越细，最后由细砂土逐渐变为亚砂土以至粘土，更细的或溶解质多被带入海中。

河流形成的大量沉积物，不仅会改变河床的形态和水力条件，淤浅河床，也会引起水库发生淤积，以及引水工程建筑物被淤塞等现象。

归纳上述河流的地质作用可见：促使河流地质作用不断进行和发展的是水流。水流同时进行着两种相互依存和相互制约的作用，即侵蚀和沉积作用。这两种作用是同时存在的，河流某一段遭受侵蚀，而另一段就会发生沉积，而且在同一个横断面上就进行着这两种作用。河流的搬运作用，可以认为是以上两种作用处于暂时平衡的结果。虽然这些作用可以在同一断面上存在，但往往在河流上游以侵蚀作用为主，中游处于平衡状态以搬运作用为主，而下游则以沉积作用为主。

二、河谷地貌与坝址选择

流水自河源至河口切割成的弯曲长槽，终年有水或间歇性水流顺其向下流动，这条长槽便是河谷。河谷的形态和规模大小不一，可划分为山区河谷和平原河谷两种基本类型。山区河谷均较平直，受地质构造影响较大；而平原河谷由于水流缓慢，多以沉积作用为主，河谷弯曲，汉道纵横，形成很复杂。下面我们着重讨论山区河谷地貌形态。

（一）河谷形态特征

在山区，由于基岩性质的不同，地质构造发育程度的不同，河谷形态不能单纯由水流状态和泥砂含量因素来控制，地质因素是起着更重要的作用。因此山区河谷纵横断面均比较复杂，总的说来具有波状和阶梯状的特点。从水利工程角度出发，将河谷分为宽谷、峡谷、对称河谷和不对称河谷。

1. 宽谷与峡谷

山区河流常是宽谷与峡谷交替分布，在岩石性质比较坚硬的河段常形成峡谷。峡谷的横断面明显的呈"V"字形，谷坡陡峭，谷内的河漫滩和阶地均不发育。在岩石性质比较软弱的河段，则常形成开阔的宽谷，其横断面为梯形，谷内有河漫滩或阶地分布。

横穿背斜或地垒等构造的河流，也常形成峡谷。如四川省北碚附近的嘉陵江河段，横切三个背斜形成了著名的小三峡。反之，横穿向斜和地堑等构造的河流，就常形成宽谷。如上述嘉陵江小三峡之间的北碚向斜和澄江镇向斜所形成的宽谷（图3-5）。

在地壳上升强烈地区，河流的下蚀作用强烈，也常常形成峡谷。举世闻名的长江三峡地区，其上升的幅度和速度都比其上、下游地区大得多。

2. 对称谷与不对称谷

流经块状岩层和厚层状岩层地区的河流，由于岩性比较均一，河流侧向侵蚀的差异性小，因而形成两岸谷坡坡角大致相等的对称河谷，特别是在直流段更易形成。如果河谷两侧岩层较薄，岩性软硬不一，则河谷易向软弱岩层一岸冲刷，从而形成一岸坡陡，另一岸坡缓的不对称河谷。

72

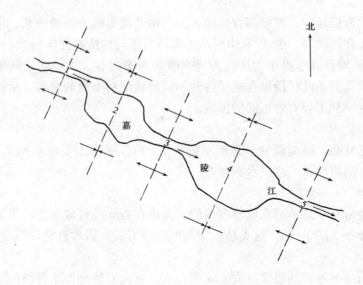

图 3-5　嘉陵江小三峡平面示意图

1—沥鼻峡背斜；2—澄江镇向斜；3—温圹峡背斜；4—北碚向斜；5—观音峡背斜

顺着直立向斜和背斜轴部和地堑等发育的河流，由于具有大体对称的地质构造条件，因而相应形成的向斜谷、背斜谷和地堑谷常是对称河谷〔图 3-6（a）、（b）、（e）〕。反之，多为不对称河谷。如河流沿着断层或单斜构造岩层的走向发育时，相应形成了断层谷和单斜谷。断层谷下降盘一侧常成缓坡，上升盘一侧形成陡坡。单斜谷一般顺岩层倾向的一侧形成缓坡，反岩层倾向的一侧形成陡坡，使河谷形态不对称〔图 3-6（c）、（d）〕。长江在四川省东部的不对称河谷，主要是由于单斜构造而形成的。

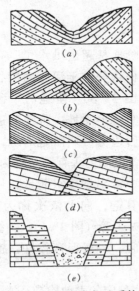

图 3-6　河谷形态与地质构造

（a）向斜谷；（b）背斜谷；（c）单斜谷；

（d）断层谷；（e）地堑谷

图 3-7　岩坎与瀑布

（a）岩坎；（b）瀑布

73

另外，在层状岩层地区，根据河谷延伸方向与构造线走向方向的关系，可将河谷划分为纵向谷、横向谷和斜向谷。图3-6中所示各类河谷因与构造线方向一致，均属纵向谷。图3-5中所示各段河谷因垂直于构造线方向，故均为横向谷。纵、横、斜三类河谷，结合岩石性质和地质构造条件，便组合成了各种不同地质结构类型的河谷，从而具有不同的工程地质特征，对水利工程有着不同的影响。

（二）河床地貌

山区河床形态复杂，横断面常呈深而窄的"V"形，平面上受地质构造、岩性控制，纵剖面比降大，常呈阶梯状，多跌水和瀑布。

1. 岩坎和石滩

岩坎是由坚硬岩石横亘于河床底部形成的。河流在岩坎处形成急流，当岩坎高度大于水深时，即形成瀑布（图3-7）。这类地形常与断层崖有关。岩坎总是向源侵蚀不断后退，直至消失。

石滩是山区河床上堆积的很多巨大岩块所构成。巨大岩块来源于谷坡的崩坠、滑坡或河谷两侧支沟的冲出锥堆积物。石滩形态不如岩坎稳定，在水流长期作用下较易移动、变形或消失。

2. 深槽和深潭

河床中的深槽主要是由于地质构造因素而形成。如断层破碎带，裂隙密集带，软弱岩层或囊状风化带等抗冲刷能力较弱的部位，常分布于水流侵蚀性很强的峡谷河段。如四川某坝址，深槽宽约40m，深约70m。举世闻名的三峡坝址，在选线时也尽量避开河床中的深槽。

深潭是河床中一种深陷的凹坑，深可达几十米。它主要是由于河流旋涡携带砂、砾石，磨蚀河床中软弱岩石或断层破碎带等形成。

（三）河流阶地

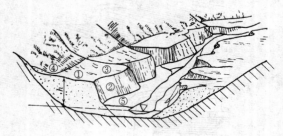

图3-8 阶地形态要素示意图
①—阶地面；②—阶地斜坡；③—前缘；
④—后缘；⑤—坡脚

河流阶地是超出洪水位，有台面和陡坎的呈阶梯状分布于河谷两侧谷坡上的地貌形态（图3-8）。阶地的平台面叫阶地面、陡坎叫阶地斜坡、阶地前边部分叫阶地前缘、后边部分叫阶地后缘，阶地面与河流平水位之间的垂直距离称为阶地高度。一般河谷中常出现多级阶地，从高于河漫滩或河床算起，向上依次称为一级阶地、二级阶地……等（图3-1）。一级阶地形成的时代最晚，一般保存较好，越老的阶地形态相对保存越差。

阶地形成基本上经历了两个阶段。首先是在一个相当稳定的大地构造环境下，河流以侧蚀和堆积作用为主，形成宽阔的河谷。然后地壳上升，河流下切，又经过了一段相对稳定阶段而形成了阶地面。由此反复作用便形成了数级阶地，一般地壳上升越强烈的地区，阶地也越高。

根据成因，阶地可分为侵蚀阶地、基座阶地和堆积阶地三种类型。

1. 侵蚀阶地

由基岩组成，有时阶地面上残留有极少冲积物，基岩裸露，故又称基岩阶地［图3-9（a）］。侵蚀阶地多发育在地壳上升的山区河谷中，它作为大坝的接头、厂房或桥梁等建筑物的地基是有利的。

2. 基座阶地

它分布于新构造运动上升显著的地区。其特点是由两部分组成，在阶地陡坎的剖面上可以看到，上部为冲积物，下部为基岩，是冲积物覆盖在基岩底座上［图3-9（b）］。它是由于后期河流下蚀深度超过原有河床中冲积物厚度，切入基岩内部而形成。

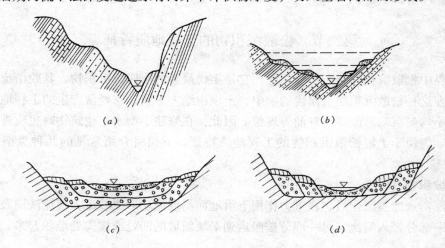

图3-9　阶地的类型

（a）侵蚀阶地；（b）基座阶地；（c）上迭阶地；（d）内迭阶地

3. 堆积阶地

全由河流冲积物所组成。它的形成过程是河流侧向侵蚀，阔宽谷底，同时大量堆积成河漫滩，然后河流强烈下蚀形成阶地。它常见于河流下游。根据河流各次下切深度的不同，又可细分为：

（1）上迭阶地　特点是形成后期阶地时，河流下切深度较前期阶地下切深度小，谷底仍保留有早期沉积物，使每一较新阶地的组成物质迭置在较老阶地的组成物质之上，故称为上迭阶地［图3-9（c）］。说明地壳上升或下降的幅度逐渐减小，河流后期每次下切的深度、河床侧蚀的范围和堆积的规律都比前期规模为小。

（2）内迭阶地　是指新的阶地套在老的阶地之内［图3-9（d）］。在形成阶地时的下蚀深度，正好达到阶地前一周期的谷底，冲积物的范围都比前次小。说明在形成过程中每次下切的深度大致相同。

（四）坝址选择与河谷地貌的关系

河谷是水利水电建设的基本场所。因此，在选择坝址位置时，应尽可能地利用良好河

75

谷地段，以减少投资，增大效益。一般在选择坝址时，应注意以下几点：

1）坝址最好选择在河谷较窄地段，上游有足够宽阔的盆地或较宽的河谷，以便增加库容。下游最好有河漫滩或宽阔的阶地，以利于施工场地的布置。选择地质条件适合筑坝的地段。

2）选择坝址必须避开断层破碎带等不良地质条件，要尽量避开冲沟、岩坎和深潭相间分布地段。冲沟常是坝下渗漏的通道，岩坎、深潭将相应增加清基和回填工程量，增加了工程造价。

3）坝址两岸谷坡应较规整，修筑拱坝时要求对称，以利于坝身应力分布均匀。

总之，坝址选择应综合考虑河谷形态、地质条件、水工布置和施工场地、天然建筑材料等条件。

第二节　松散沉积物的工程地质特征

自然界中松散沉积物分布十分广泛，它是年代最新的第四纪沉积物，其胶结疏松或未经胶结。在这种松散沉积层上修建的坝中，土坝占绝大多数，它经常产生的工程地质问题有渗漏、不均匀沉陷、流砂及管涌等现象。因此，在修建小型水工建筑物时也应进行工程地质勘察。为便于了解松散沉积物的工程地质特征，下面将介绍常见的几种类型的主要特征。

一、坡积物（Q^{dl}）

大气降雨或冰雪融化后，在重力作用下沿地面斜坡流动形成坡流，坡流洗刷破坏下来的物质，一部分带入河流，另一部分被搬运到平缓斜坡的凹处或坡脚处堆积起来，便形成了坡积物。

坡积物的成分，主要由斜坡上部的母岩成分和风化产物所决定，与下伏基岩无关。由于搬运不远、磨圆度差，分选不良，一般没有层理或略显层理，其粒度成分的特点是斜坡上部的土体比下部的粗，上部主要泥砂碎石，下部则为碎石和亚砂土、亚粘土等。其厚度是上部较薄，下部逐渐变厚，在山区与重力崩塌物混合在一起时，厚度可达数十米。

坡积物较疏松，孔隙度高，一般在 50％以上，因而压缩性大。若为地基应注意沉陷量过大和不均匀沉陷问题。在开挖基坑和边坡时，坡积物易于发生滑塌，特别是下伏基岩面较陡，又有地下水作用时，坡积物更易滑动。在山区或丘陵地区的河谷谷坡或山坡上，坡积物分布很广，对水工建筑物的边坡稳定危害甚大。

二、洪积物（Q^{pl}）

暂时性洪流流出山口以后，由于断面突然变宽，坡度急剧减小，水流发生分散，流速降低，所挟带的大量固体物质在沟口外沉积下来。这种由暂时性洪流堆积的松散物质称为洪积物。由于其形态似扇状或锥状，故称之为洪积扇或洪积锥（图3-10）。相邻沟谷的洪积扇相互连接起来则形成洪积裙，洪积裙再不断地重叠堆积就形成了山前倾斜平原。洪积物主要分布于西北和华北地区，其厚度可达几百米。

洪积物的组成物质，从沟口到堆积物边缘有一定规律的变化（图3-11）。山口附近以粗粒物质为主，由大量的块石、巨砾夹砂组成，分选性不良，磨圆度差，层理不清楚，有时具有交错层或透镜体。在洪积扇边缘的物质颗粒较细，主要为亚砂土、亚粘土及粘土，有时夹砂砾石透镜体，具有不规则的交错斜层理及上细下粗的递变层理。分选性较好。洪积物的厚度呈明显的规律性变化。在山口处厚度大，向扇体边缘逐渐变薄。

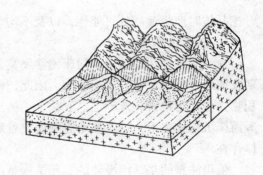

图 3-10　洪积扇

　　洪积物的粗粒物质，孔隙度大、透水性强，地下水埋藏较深。其强度较高，压缩性小，是良好的建筑地基，但对水工建筑物，如坝闸、渠道等则存在渗漏及渗透变形问题，必须十分重视。细粒堆积物，透水性弱，具有较大压缩性，不宜做大型建筑物地基。在粗粒与细粗堆积的过渡带，常有地下水溢出地表，往往形成沼泽地带，土质软弱，强度低，不宜做为建筑物地基。

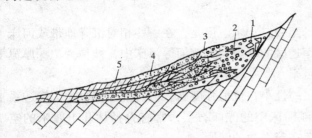

图 3-11　洪积扇沉积物结构示意剖面图
1—块石；2—砾石；3—砂砾；4—砂；5—粘土

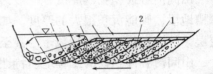

图 3-12　河床侧移与河漫滩
二元结构形成示意图
1—河漫滩相冲积物；2—河床相冲积物

三、冲积物（Q^{al}）

　　河流的堆积物叫冲积物，习惯上也叫冲积层。河流搬运由他本身侵蚀作用破坏的物质，同时又把残积物、坡积物和洪积物搬运走。随着流速的降低，在河谷的不同部位沉积下来，形成各种冲积物。河谷中的冲积物往往与其它类型的松散堆积物穿插在一起，这种现象尤其在山区河谷里最为明显。但是冲积物有其明显的特点，即组成物质的浑圆度好；顺河流方向按颗粒及物质比重大小分选清楚；具有明显的层理和交错层。

　　（一）河床冲积物

　　在河床的凹岸及主流线带，水流横向环流的下降部分侵蚀作用强烈，仅有一些从凹岸冲蚀崩塌及河床冲蚀破坏的一些坚硬岩块及巨砾堆积在河床的深槽底部，细粒物质在这里不能停留。从主流线往凸岸方向，底流转为上升流，在上升过程中动能逐渐减小，搬运能力相应减弱，沉积物相应变细（图 3-12），分选性逐渐明显，具交错层理、斜层理或透镜体等。

　　在平直河段，冲积物常堆积在河中，形成砂滩或砂洲。河床冲积物的组成物质、岩石性质、结构特征及厚度等均变化较大，作为水工建筑物的地基时，应特别注意渗漏问题，开挖基坑时产生流砂的可能性，以及不均匀沉陷等问题。

（二）河漫滩冲积物

由于侧蚀作用的结果，河床侧移展宽，在凸岸边缘的水下浅滩逐渐成为河漫滩。洪水期在河滩上的水较浅，流速较小，因此，较细粒的悬移质就沉积下来，开始形成河漫滩冲积物，主要为细砂、亚砂土、亚粘土、粘土等细粒物质。它覆盖于粗粒的砂、砾石、卵石等河床沉积物之上，这时在垂直剖面上就形成了下粗上细的二元结构，并常有夹层和透镜体存在。

值得注意的是，河漫滩的二元结构是由于河床侧移和洪水期和枯水期相互交替作用所形成的（图3-12）。是同时期的产物，决不能视为先沉积了砂砾石，以后又沉积了细砂、亚粘土等。河漫滩冲积物作为水工建筑物的地基是不利的。

（三）山间河谷冲积物

山间河谷冲积物常同洪积物、坡积物穿插在一起，厚度一般不大，甚至基岩裸露。其组成物质主要为一些大块石、漂砾及砾石等。常有粘土及砂等充填其间，很少有薄的泥炭层或淤泥物质。这些组成物质的磨圆度不如平原河流好，其层理也不如平原河流冲积物中的清晰。

山间河谷冲积物的厚度，一般为数米至一二十米。但是，在一些相对沉降地带或河床深槽地段，则能沉积很大的厚度。如西南地区的岷山、大渡河等河床中，被称为"深厚覆盖层"的沉积物，可厚达数十米甚至近百米。

山间河谷冲积物的工程地质特性是压缩性小，抗剪强度高，但透水性却很大，渗透系数为每昼夜几十米到百米以上。上述岷江河床中的漂卵石层，常有直径达几十厘米的空洞，可成为严重渗漏的通道。此外，也存在着潜蚀的问题。

（四）山前冲积物

当山区河流流出山口进入平原时，由于流速骤然减小，因而使泥砂大量沉积。通过河床的不断来回摆动与改道、决口，主要在河谷及其两侧不远的槽状地带内堆积，形成上窄下宽的扇形堆积物，其中小的叫冲积锥，大的叫冲积扇。在大山系与平原毗连的地带，冲积扇互相连接或与洪积扇交错在一起，形成山前复合冲积扇或冲积洪积扇，或称山前倾斜平原。

组成冲积扇的物质，其粗细颗粒的分布和变化与洪积扇相似，即自扇顶至边缘，由大的漂石、卵石、砾石、粗砂、细砂到粘土，呈环状分布。它对工程地质条件和水文地质条件分带性的划分有很大意义。沉积物的成层构造比较明显、斜交层理经常出现。山前冲积物的厚度较大，一般为十几米，厚的可达数百米甚至千米以上。

四、冰积物（Q^{gl}）

凡是由于冰川作用形成的堆积物（层），均称为冰积物。冰积物不仅现代高纬度和高山地区（喜玛拉雅山、天山等）广泛分布，而且由于第四纪某些时期，冰川分布范围比现在更为广泛，故在我国不少地方和河谷中也有冰积物存在。冰积物可分为冰碛和冰水沉积两种基本类型。

冰碛是冰川携带的物质直接堆积起来的，其特点是没有分选性，没有层理，粒度大小极不均一，往往由漂砾、砾石和粘土等混杂在一起。冰碛砾石上常有丁字形擦痕，砾石上有凹槽、压坑等现象。冰碛一般较密实，孔隙率较低，压缩性小，强度较高，作为一般建筑物地基还是比较好的。但必须注意冰碛结构的不均一性和厚度的变化，以及有时可能存在的空洞（冰夹层融化后留下的）和局部承压水，这些都将使工程地质条件复杂化。

冰水沉积是冰川的融水所沉积的物质。由于经历了一段水流的搬运，故冰水沉积物具有明显的层理，其物质成分主要是粘性土，有时夹有薄层的砂或透镜体。常形成很致密且层理清晰的冰川纹泥。冰川沉积物在山麓地带常形成大面积的厚层冰水平原。作为建筑物地基时，要特别注意不均匀沉陷问题。

五、黄土

黄土是对一种黄色沉积土层的统称，其主要特征是：以黄色为主；颗粒成分均一，粉土粒组（0.05～0.005mm）含量常在 50% 以上；结构疏松，孔隙度高且有大孔隙；垂直节理发育；常富含碳酸钙；遇水浸湿后会引起突然沉陷，即湿陷性。不完全具有上述特征者（缺少其中一、二项），则称黄土状土。

黄土在欧洲、北美、中亚以及我国西北、华北、东北等较干旱地区都广泛分布，尤以黄河中游地区最发育。黄土形成于第四纪，在我国北方，按其形成时代划分为：午城黄土（Q_1）、离石黄土（Q_2）、马兰黄土（Q_3）和近代堆积黄土（Q_4）。关于黄土的成因问题一直是个有争论的问题，较早的观点主要有风成说、水成说等。1959 年我国科学工作者提出了"多种成因"的观点，即不同地区、不同地段有着不同成因类型的黄土，其中包括风成、冲积、洪积、坡积、湖泊沉积、冰水沉积及混合类型等。看起来这一观点是较全面而符合实际的。另外对分布于河谷地带的黄土，目前基本上已一致认为是河流冲积形成的。但对高原地区和高分水岭地段，则还有争议。

黄土除含有大量粉土颗粒外，其余主要为粘土颗粒和砂粒，含量大约在 10%～20% 左右。粗颗粒的矿物成分以石英、长石和碳酸盐矿物为主；细颗粒主要是各种粘土矿物、碳酸盐和其它一些易溶盐类常构成胶结物，使颗粒之间具有微弱的联结。碳酸盐类物质还常因次生淋滤作用而富集成大小不等、形状各异的结核体，通称之"姜石"。

黄土的孔隙度常达 50% 以上，常具有肉眼可见的大孔隙。这些孔隙多呈铅直管状排列，致使黄土中垂直节理特别发育。在野外常见到沿节理发育的直立陡坡。大孔隙和垂直节理又使黄土具有透水性强的特点，渗透系数可以达到 1m/d，且垂直方向显著大于水平方向。

天然状态的黄土浸水后会迅速发生较大的沉陷，这种特性称为"湿陷性"。它可引起建筑物地基和边坡变形破坏，尤其是渠道和库岸可发生大范围的严重坍塌。发生湿陷的原因主要是结构疏松，粘土和盐类胶结物抗水性差，水渗入后颗粒间的胶结被破坏。大孔隙有利于水的渗入并使土粒有可以移动的空间。需要指出的是，不同地区，不同时代的黄土，湿陷程度有较大差别，甚至有的不具有湿陷性。因此，黄土又分为湿陷性黄土和非湿陷性黄土两种类型。我国中、下更新世（Q_1 和 Q_2）的黄土，干容重一般大于 1.5×10^{-2} N/cm^3，常不具湿陷性。湿陷性黄土都具有大孔隙，天然含水量低的特点。随着深度的增加，湿陷性则逐渐减小，一般在 10～16m 深以下湿陷性就逐渐消失。此外，矿物成分、颗粒成分、胶结特征等因素对湿陷性也有影响。

第三节　地貌单元的划分

地壳表面分大陆与海洋两个大的基本地貌单元。陆地表面形态很复杂，对地貌形态单元的划分方法也有很多种。现从水利工程建设的需要出发，按常用的分类方法叙述如下：

一、山地地貌

（一）按形成的主要原因划分

（1）褶皱构造山　是岩层受构造作用发生褶皱而形成的山。根据褶皱构造形态、舒展程度及褶皱山发育的部位不同，又可分为背斜山、向斜山、单面山和方山。

（2）断层断块山　因断层使岩层发生错动，相对台升而形成的山。断块山中垂直位移值愈大，山势也就越陡。陕西境内的秦岭是一典型的断块山，霍山与中条山属于地垒断块山。

（3）褶皱断块山　是由褶皱与断层两种作用组合而成的山地。其基本地貌特征由断层形式决定，具有高大而明显的外貌。

（4）火山　是由岩浆喷发出来的物质堆积而形成的山。根据喷发物质的不同而形成锥形火山或盾形火山。如我国长白山脉的白头山，浙江省的天目山，是由粘滞性较大的酸性岩浆堆积而形成的锥形火山。山西大同附近的火山群及湖北阳新盆地中的大小火山群，都是由流动性较大的基性岩浆形成的所谓盾形火山。

（5）剥蚀山　无论何种成因的山，经过外营力加工之后，均称为剥蚀山。这种类型的山比较普遍。

（6）堆积侵蚀山　是以堆积为主，在堆积地貌的基础上再经过侵蚀而成的山地。这种地貌以冲积物及黄土分布地区较常见。其后由于地块上升，出现一些切割很深的沟谷，遂形成分布在 300m 高程处的山地。

（二）按地形高程划分

（1）高山　绝对高程平均在 2000m 以上，相对高程（切割深度）在 1000m 以上，平均坡度大于 25°，大部分山脊与山顶位于雪线以上，冰川地形发育的山地属之。

（2）中山　绝对高程为 500～1000m，相对高程 200～500m，坡度 5°～10°，外形比较平坦的山属之。

（3）丘陵　一般绝对高程不超过 500m，相对高程小于 175m，多呈低缓的山丘状。

（三）按山的形态划分

尖峭的，浑圆的，平顶的等。

二、平原地貌

（一）按形成的主要原因划分

（1）构造平原　构成平原的岩层层面与平原的表面一致，如海滨和湖滨平原。

（2）剥蚀平原　系外力剥蚀作用所形成的平原，组成平原的岩层层面不与平原的表面一致。如风蚀平原，湖蚀平原等。

（3）堆积平原　系各种堆积作用所形成的平原，如冲积洪积平原等。

（二）按海拔高度划分

（1）平顶山原　绝对标高大于 500m 的平整地带。

（2）高原　绝对标高介于 200～500m 之间的平整地带。

（3）低平原　绝对标高介于 0～200m 的平整地带。

（4）洼地　绝对标高低于海平面以下的平整地带。

（三）按形态划分

（1）平坦平原　表面比较平坦，如华北大平原等。

（2）波状平原　表面略有起伏，此种起伏并无固定方向，成因复杂，如东北大平原的中部。

（3）倾斜平原　有固定的倾斜方向，倾角多在 10‰以下，山前平原属此种类型。

（4）凹状平原　主要分布在干燥气候条件下的大陆内部，以风蚀为主要作用的内流区。

复 习 思 考 题

1. 河流的地质作用有哪些？

2. 河谷的形态有哪些类型？

3. 什么叫河流阶地？有哪些类型？都是怎样形成的？

4. 残积物、坡积物有什么不同？怎样区别？

5. 冲积物和洪积物都有哪些特征？

6. 冲积物和洪积物在野外怎样区别？

7. 黄土是怎样形成的？

8. 黄土有哪些特征？对工程建筑有何影响？

9. 山地地貌是怎样划分的？

10. 平原地貌是怎样划分的？

第四章　地　下　水

　　地球上的水存在于大气圈、地球表面和地壳之中，分别称为大气水　地表水和地下水。这些水在太阳辐射热和地心引力的作用下，不断地运动和转化（图4-1）。水从江、河、湖、海，岩土表面，以及植物叶面不断地蒸发，变成水汽上升到大气层中。在适当的条件下，这些水汽又凝结成液态或固态水降落到地面，一部分成为地表径流，或就地蒸发；另一部分渗入地下被植物吸收，或成为地下水。地下水又以泉的形式向外排泄成为地表水。所以，地下水是自然界水循环中的一部分，是可以不断得到补偿的水体。

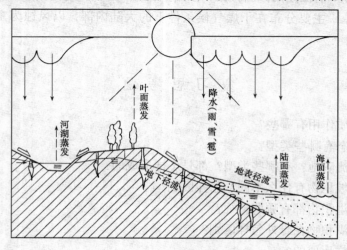

图4-1　自然界水循环示意图

　　所谓地下水，通常系指埋藏在地表以下土层和岩石空隙中各种状态的水。研究地下水的学科名为水文地质学。
　　地下水分布广泛，是一种宝贵的自然资源，从古至今与人们的生活、生产和医疗事业密不可分。但在某种情况下，地下水又是发展工农业生产和进行建设的不利因素。例如在水利建设中的库坝渗漏问题、地下洞室开挖过程中的突然涌水问题、水库浸没问题、土壤盐渍化问题等，无不与地下水有关。为了合理地开发利用地下水，以及有效地防止和消除地下水的危害，必须了解和掌握一些水文地质基础知识和基本技能。

第一节　地下水的赋存

一、岩石中的空隙

　　组成地壳的岩石，无论是松散沉积物还是坚硬的基岩，都具有空隙。空隙的大小、多少、均匀程度和联通情况，决定着地下水的埋藏、分布和运动。

通常把岩石的空隙分为三类：松散沉积物颗粒之间的空隙称为孔隙；非可溶岩中的空隙称为裂隙；可溶岩产生的空隙小者称为溶隙，大者称为溶洞（图4-2）。

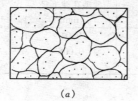 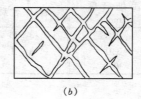 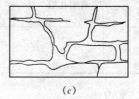

(*a*) (*b*) (*c*)

图4-2　岩石的空隙

(*a*) 孔隙；(*b*) 裂隙；(*c*) 溶隙

岩石空隙的发育程度，可用空隙度这个度量指标来衡量。空隙度 P 等于岩石中的空隙体积 V_p 与岩石总体积 V（包括空隙在内）的比值，即：

$$P = \frac{V_p}{V} \times 100\% \tag{4-1}$$

岩石的空隙度以小数或百分比表示。松散沉积物、非可溶岩和可溶岩的空隙度，又可分别称为孔隙度、裂隙率及岩溶率。

二、岩石中水的存在形式

在岩石的空隙中存在着气态水、液态水和固态水三种类型。其中液态水又可根据其受力情况分为结合水、毛细水和重力水。此外，还有一种存在于矿物结晶内部及其间的矿物结合水。

（一）气态水

存在于未饱和岩石空隙中的水蒸气称为气态水。气态水可以随空气的流动而移动。它本身也可以由水汽压力（或绝对湿度）大的地方向水汽压力（或绝对湿度）小的地方迁移。当水汽增多达到饱和时，或当气温降低达到露点时，气态水便凝结成液态水，成为地下水的一种补给来源。

（二）结合水

通常系指束缚于岩石颗粒表面，不能在重力影响下运动的水。水分子是偶极体，一端带正电荷，另一端带负电荷。由于静电引力作用，带有电荷的岩石颗粒表面，便能吸附水分子形成结合水。

依据吸附作用的强弱，结合水又有强结合水和弱结合水之分。紧靠岩石颗粒表面的水叫做强结合水（又称吸着水）。这种水不能被植物吸收。结合水的外层叫做弱结合水（又称薄膜水）。一般情况下不能流动，但当施加的外力超过其抗剪强度时，最外层的水分子便发生流动。

（三）毛细水

指在表面张力的作用下，沿着岩土细小空隙上升的水。毛细水可以从地下水面上升形成毛细水带，也可以脱离地下水面而独立存在，成为悬挂毛细水。毛细水同时受重力和毛细力作用，能传递静水压力。其上升高度与岩土空隙大小有关，见表4-1。毛细水可供植物吸收，也是引起土壤盐渍化的重要条件。

表 4-1　　　　　　　　　　　　　常见松散岩石的毛细高度

岩 石 名 称	典型孔隙半径 （mm）	毛细高度 （mm）	岩 石 名 称	典型孔隙半径 （mm）	毛细高度 （mm）
粗　砾	2.0	0.8	粉　砂	0.01	150
粗　砂	0.5	3.0	粘　土	0.005	300
细　砂	0.05	30.0			

（四）重力水

系指岩石颗粒表面不能吸引的水分子，仅受重力影响运动的水。重力水能传递静水压力，并且有溶解盐类的能力。井水、泉水都是重力水。它是水文地质学研究的主要对象。

（五）固态水

当岩石空隙中的水低于 0℃ 时，液态水便转为固态水。我国东北、青藏高原等地就有部分地下水是以固态形式存在于岩石空隙之中，形成季节冻结区或多年冻结区。

三、岩石的水理性质

（一）容水性

系指岩石能容纳一定水量的性能。容水性的度量指标为容水度，即

$$C = \frac{W}{V} \times 100\% \tag{4-2}$$

式中　C——岩石的容水度，以百分数表示；

　　　W——岩石中所容纳水的体积，m³；

　　　V——岩石的总体积，m³。

（二）持水性

系指饱水岩石在重力作用下释出水时，由于分子力和表面张力的作用，能在其空隙中保持一定水量的性能。持水性的度量指标为持水度，即

$$S_r = \frac{W_r}{V} \times 100\% \tag{4-3}$$

式中　S_r——岩石的持水度，以百分数表示；

　　　W_r——在重力作用下保持在岩石空隙中水的体积，m³；

　　　V——岩石的总体积，m³。

（三）给水性

系指饱水岩石在重力作用下能自由排出一定水量的性能。给水性的度量指标为给水度，即

$$\mu = \frac{W_y}{V} \times 100\% \tag{4-4}$$

式中　μ——岩石的给水度，以百分数表示；

　　　W_y——在重力作用下饱水岩石排出的水体积，m³；

　　　V——岩石的总体积，m³。

又因　　　　　　　　　　　　$W = W_r + W_y$

所以
$$C = S_r + \mu$$
或
$$\mu = C - S_r \qquad (4 - 5)$$

式（4-5）表明，给水度等于容水度减去持水度。基岩裂隙和溶洞中的地下水，因结合水及毛细水所占的比例非常小，岩石的给水度分别等于它们的容水度或空隙度。

给水度是水文地质计算中的重要参数。现将几种常见的松散岩石给水度列于表4-2。

表 4 - 2 常见松散岩石的给水度

岩石名称	给 水 度（%）			岩石名称	给 水 度（%）		
	最 大	最 小	平 均		最 大	最 小	平 均
粘　土	5	0	2	粗　砂	35	20	27
粉　砂	19	3	18	细　砾	35	21	25
细　砂	28	10	21	中　砾	26	13	23
中　砂	32	15	26	粗　砾	26	12	22

（四）透水性

系指岩石允许水透过的性能。岩石透水性的度量指标为渗透系数。渗透系数愈大，岩石的透水性愈强。渗透系数也是水文地质计算中的重要参数。

四、含水层与隔水层

一般条件下，能透水的岩层称为透水层。如砂砾层，以及裂隙、岩溶发育的岩层。不能透水，或只能透过少量水的岩层则为隔水层。经常为地下水所饱和的透水岩层称为含水层。含水层因其空隙较大，所含之水主要是重力水。有的隔水层也含水，但绝大部分是不受重力作用影响的结合水。如粘土岩等。

有些岩层介于含水与隔水之间，处在一种过渡类型。例如砂质页岩、泥质粉砂岩等。这类岩石空隙中的水，往往处在结合水向重力水过渡的状态，一般条件下能给出和透过少量的水，但在一定的水头差作用下，给出和透过的水量便显著增大。如果它和强透水岩层组合在一起，可看作是相对隔水层；如果周围是透水性更差的岩层，那它就成为含水层了。

在实际工作中，为了满足生产上的需要，常把穿越不同地质年代、岩性、成因的饱水断裂破碎带划为含水带。在极不均匀的含水层中，依据裂隙、岩溶发育和分布特征，以及含水情况，又可进一步划分为强含水段（裂隙、岩溶比较发育，出水量较大）、弱含水段（裂隙、岩溶不发育，出水量小）和相对隔水段。

岩石成因类型和地质年代相同的几个含水层，它们之间虽然夹有厚度不大的弱含水层或隔水层，但彼此存在水力联系，且化学成分相近，并有统一的地下水位，这几个含水层可划归为一个含水岩组或含水组。在大范围地区，有数个夹有隔水层的含水组，其间如有相同的补给来源，或有一定的水力联系，可将其划为一个含水岩系。例如第四系含水岩系，基岩岩溶水含水岩系等。

第二节　地下水的物理性质及化学成分

地下水在参与自然界水循环的过程中，一方面与大气降水、地表水保持联系，另一方面又跟岩、土进行着相互作用，加上人类活动的影响，促使地下水成为一种复杂的天然水溶液。

研究地下水物理性质和化学成分的目的很多，常见有：作为饮用水源或灌溉用水的水质进行评价；分析地下水对建筑物的侵蚀性；搞清地下水污染情况；查明地下水的形成条件和分布规律等。

一、地下水的物理性质

地下水的物理性质一般指温度、透明度、颜色、气味、口味及放射性等项。

（一）温度

地下水的温度高低不一，主要受气温和地温的影响。

地壳按地温变化规律，自上而下可分为变温带、常温带和增温带。变温带地下水的水温受气温影响明显，呈周期性变化，与所在地的温度基本一致。其变化幅度随深度的增加而逐渐减小。常温带的水温，常采用当地年平均气温值。常温带以下的水温，取决于当地的地热增温级（温度升高1℃所需增加的深度）。例如北京房山增温带的地下水，温度每升高1℃需要增加40m的深度；而西藏羊八井地区的地下水，每升高1℃只需向下延深0.33m就够了。

按水温高低，地下水可分为过冷水、冷水、温水、热水及过热水，见表4-3。

（二）透明度

地下水的透明度与水中固体物质、胶体悬浮物和有机质的多少有关，通常把地下水的透明度分为四级：透明的、微浊的、混浊的及极浊的，见表4-4。

表4-3　　　　　地下水按温度分类表

地下水类型	水温（℃）	地下水类型	水温（℃）
过冷水	<0	热　水	43~100
冷　水	0~20	过热水	>100
温　水	21~42		

（三）颜色

地下水一般是无色的。其颜色取决于它的成分和悬浮物。如含硫化氢的水具有翠绿色，含氧化铁的水呈褐红色，含腐殖质较多的水常为黄褐色。含悬浮物较多的水，水的颜色决定于悬浮物的颜色。

表4-4　　　　　　　　　　　地下水按透明度分级表

分　　级	鉴　别　特　征
透明的	无悬浮物质，60cm水深，可见3mm的粗线
微浊的	有少量悬浮物，大于30cm水深，可见3mm的粗线
混浊的	有较多的悬浮物，小于30cm水深，可见3mm的粗线
极浊的	有大量悬浮物，似乳状，水深很小也不能看清3mm的粗线

（四）气味

常见的地下水是无气味的。但当含有氧化亚铁时具铁腥气味，含硫化氢时有臭蛋气味，含腐殖质的水有一股鱼腥气味。尤其是温度在40℃左右时，各种气味最为显著。

（五）口味

地下水的味道取决于其中的化学成分。如含氯化钠的水是咸味，含氯化镁和硫酸镁的水是苦的，含氧化铁的水具有铁锈味，含大量有机质的水具甜味，含二氧化碳较多时，水味清凉可口等。

（六）放射性

地下水的放射性一般极弱。其放射性强弱，取决于其中所含放射性元素的数量。

二、地下水的化学成分

地下水含有 60 多种元素，这些元素以离子、化合物分子及气体状态存在，其中以离子状态为主。

（一）常见的地下水化学成分

最常见的离子有 Cl^-、SO_4^{2-}、HCO_3^-、K^+、Na^+、Ca^{2+}、Mg^{2+} 等七种。因其含量多、分布广，故可作为地下水分类的依据，也是研究地下水化学成分的主要项目。

常见的气体成分有 O_2、CO_2、N_2、H_2S、CH_4 等。

以未离解的化合物分子状态存在于地下水的有 Al_2O_3、Fe_2O_3、H_2SiO_3 等。

表 4-5　　地下水按矿化度分类表

地下水类别	矿化度（g/L）
淡　水	<1
微咸水	1～3
咸　水	3～10
盐　水	10～50
卤　水	>50

（二）地下水的主要化学性质

1. 矿化度

系指存在于水中的离子、分子及化合物的总含量。它表示水中含盐量的多少。通常是以水样蒸干（105～110℃）后，所得干涸残余物之量来确定。按矿化度高低，地下水可分为五类，见表 4-5。

2. 硬度

水中所含 Ca^{2+} 和 Mg^{2+} 的总量称为总硬度。水加热沸腾时部分 Ca^{2+}、Mg^{2+} 与 HCO_3^- 作用生成碳酸盐沉淀下来，即

$$Ca^{2+} + 2HCO_3^- \longrightarrow CaCO_3 \downarrow + H_2O + CO_2$$

成为碳酸盐后失去的这部分 Ca^{2+}、Mg^{2+} 的含量称为暂时硬度。

表 4-6　　　　　　　　　地下水按硬度分类表

水的类别	硬　度		水的类别	硬　度	
	mmol/L	H°（德国度）		mmol/L	H°（德国度）
极软水	<1.5	<4.2	硬　水	6.0～9.0	16.8～25.2
软　水	1.5～3.0	4.2～8.4	极硬水	>9.0	>25.2
微硬水	3.0～6.0	8.4～16.8			

总硬度与暂时硬度之差为永久硬度。显然，永久硬度是指水沸腾后仍存在于水中的 Ca^{2+}、Mg^{2+} 的含量。

硬度常用德国度或以每升水中含有 Ca^{2+}、Mg^{2+} 的毫克当量数表示。一个德国度相当于 1 升水中含有 10mgCaO 或 7.2mgMgO。1 毫克当量的硬度等于 2.8 德国度。

表 4-7　　地下水按 pH 值分类表

水的类别	pH　值
强酸性水	<5
弱酸性水	5～7
中性水	7
弱碱性水	7～9
强碱性水	>9

按硬度值大小，可将地下水分为五类，见表4-6。

3. 酸碱度

水的酸碱度常用pH值表示。pH值等于水中氢离子浓度的负对数值，即

$$pH = -\lg [H^+]$$

按pH值大小，可将地下水分为五类，见表4-7。

第三节 地下水的基本类型及其特征

常见的地下水分类有两种：一种是根据地下水的埋藏条件，把地下水分为包气带水、潜水和承压水；另一种按含水层的空隙性质，将地下水分为孔隙水、裂隙水和岩溶水。这两种分类综合起来又可组合成九种不同类型的地下水。例如孔隙潜水、裂隙承压水、岩溶包气带水等，见表4-8。

表4-8   地 下 水 分 类 表

按埋藏条件划分	按 含 水 层 性 质 划 分		
	孔 隙 水	裂 隙 水	岩 溶 水
包气带水	土壤水—土壤中未饱和的水 上层滞水—局部隔水层以上的饱和水	地表岩石中季节性存在的水	垂直渗入带中的水
潜 水	冲积、洪积、坡积、冰积、湖积等松散沉积物中的水	基岩上部裂隙水、沉积岩层间裂隙水	表层岩溶化岩层中的水
承压水	松散沉积物构成的承压盆地和承压斜地中的水	构造盆地、向斜及单斜岩层中的层状裂隙水及断层带中深部水	构造盆地、向斜及单斜构造中岩溶化岩层中的水

一、包气带水

位于地表以下，潜水面以上岩层中的水称为包气带水。该类水又可分为土壤水和上层滞水。

（一）土壤水

土壤水是指地表以下土层中的水。主要以毛细水和结合水的形式存在。土壤水靠大气降水、潜水以及水汽的凝结补给。主要消耗于蒸发和被植物根系吸收。

当潜水埋藏不深，毛细水带接近或达到地表，由于水分强烈蒸发，水中盐分不断集聚在土壤表层，常有可能形成土壤盐渍化地带。

（二）上层滞水

上层滞水是指存在于局部隔水层之上的重力水。上层滞水分布范围小，水量不大。由大气降水或地表水渗入补给，其动态随季节变化明显。

二、潜水

系指埋藏在地表以下，第一个稳定隔水层之上的重力水（图4-3）。潜水面某点的高程，称为该点的潜水位。地表至潜水面的最短距离，称为潜水的埋藏深度。潜水面至隔水

层的垂直距离，称为含水层厚度。

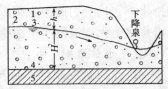

图4-3 潜水结构示意剖面图
1—地面；2—含水层；3—潜水位；
4—含水层底板；5—隔水层；
h—埋藏深度；H—含水层厚度

潜水分布广泛，埋藏较浅，水量消耗容易得到补充，是生活和工农业生产的重要水源之一。

（一）潜水的特征

潜水的补给区与分布区是一致的。大气降水是潜水的主要补给来源，其补给量取决于降水的延续时间及强度、地表坡度、植物覆盖程度以及岩石透水性等因素。当大气降水延续时间长，强度不大，地形坡度较缓，地表植被发育，岩石透水性好时，渗入补给潜水的水量就多；反之，降水主要成为地表径流，渗入补给潜水的水量就少。此外，地表水的渗入，干旱地区凝结水的补给，也是潜水的重要补给来源。当承压水位高于潜水位，承压含水层顶板局部透水时，承压水也可以补给潜水。

潜水含水层厚度、埋藏深度随季节而变化。如雨季时潜水面上升，含水层厚度增大，埋藏深度变浅，而旱季则相反。

潜水为无压水流，在重力作用下向低处流动。潜水的径流速度与含水层岩性、地形、气候条件等因素有关。当含水层透水性好，地形高差大，大气降水补给充沛时，地下水径流通畅，循环交替快。

在山区、丘陵地带，潜水常以泉或散流的形式排出地表，或直接排入地表水体；在平原地区，潜水的主要排泄方式是蒸发。

一般情况下，潜水面不是水平的，而是向着邻近低地倾斜。潜水面的形状与所在地形有关，地表坡度越陡，潜水面坡度也越大。但潜水面坡度总是小于地表坡度，其形状亦比地形平缓。潜水自透水性弱的岩层进入透水性强的岩层时，潜水面坡度由陡变缓。若含水层岩性均匀，流量一定时，含水层薄的地段潜水面坡度较陡；含水层厚的地段潜水面坡度较缓（图4-4）。潜水面的形状还受气象、水文和人为因素的影响，例如大气降水和蒸发、地表水体的变化（图4-5）、人工抽

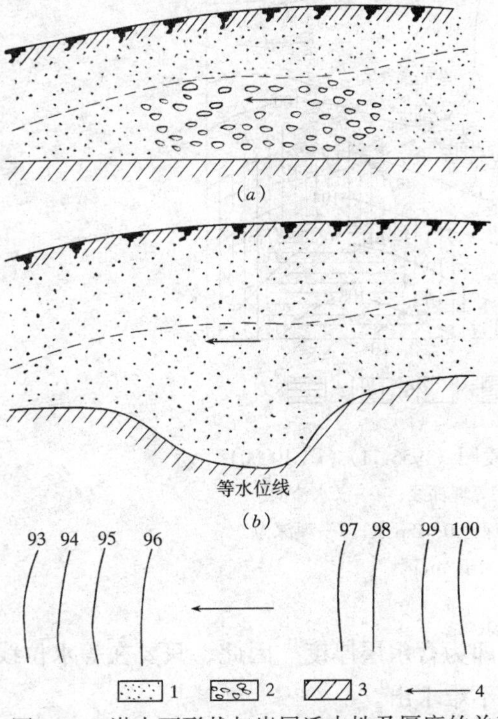

等水位线

（b）

93 94 95 96   97 98 99 100

1 2 3 4

图4-4 潜水面形状与岩层透水性及厚度的关系
（a）岩层透水性沿流向变化情况；（b）岩层厚度沿流向变化情况
1—砂层；2—砾石层；3—隔水底板；4—流向

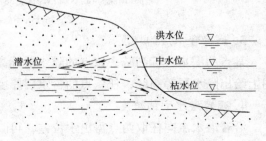

洪水位
中水位
枯水位
潜水位

图4-5 河水位变化与潜水面的关系

89

水和排水等，均会引起潜水面形态的改变。

潜水之上无连续隔水层阻挡，因此水质易于受到污染。

（二）等水位线图

等水位线图是反映潜水面形状的一种平面图。在大致相同的时间内，把测得的井、泉、钻孔、试坑等水位资料标在相应的地形图上，然后再将水位标高相同的各点连接起来，便绘成一张潜水面等高线图，即等水位线图（图4-6）。等水位线图必须注明水位的测定日期，因潜水面是随季节而变化的。

利用等水位线图可以确定潜水的流向、埋藏深度、含水层厚度、潜水面水力坡度以及潜水与河水的补给关系。

1.确定潜水的流向

垂直等水位线，用箭头从高水位指向低水位的方向，即为潜水的流向。垂直流向布置给水或排水建筑物最为合理。

2.确定潜水的埋藏深度

某点的地面标高减去该点的水位标高，即为埋藏深度。将各点的埋藏深度按一定的间距划分出等埋深线，就成为潜水埋藏深度图（图4-6）。

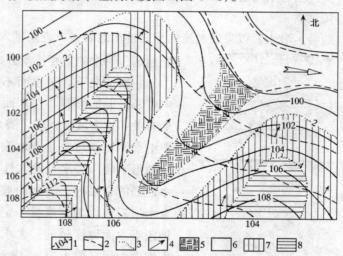

图4-6　潜水等水位线图及埋藏深度图（1956.11）（1∶10000）

1—地形等高线；2—等水位线；3—等埋深线；4—潜水流向；

5—埋深为0m区（沼泽区）；6—埋深为0～2m区；7—埋深为

2～4m区；8—埋深大于4m区

3.确定含水层的厚度

某点的潜水位标高减去该点的隔水层标高，即为含水层厚度。因此，只要在等水位线图上绘出隔水层等高线，任一点的含水层厚度便不难求出。

4.确定潜水面的坡度

沿着潜水流向任取两点得出水位差，再除以两点间的水平距离，即为两点间的平均水力坡度。等水位线由密变疏，潜水位坡度由陡变缓，反映含水层的透水性由弱增强，其厚

90

度亦由薄变厚。

5. 确定潜水与河水的关系

潜水与河水之间的关系，可以依据近河等水位线来判断（图4-7）：

1）若潜水流向指向河床，说明潜水补给河水〔图4-7（a）〕；

2）若潜水流向背向河床，则河水补给潜水〔图4-7（b）〕；

3）若潜水流向一岸背向河床，而另一岸指向河床，则河水一岸补给潜水，另一岸排泄潜水〔图4-7（c）〕。

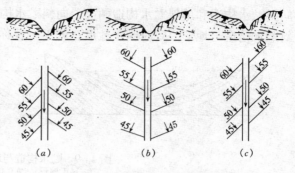

图4-7 潜水与河水补给关系图

（a）潜水补给河水；（b）河水补给潜水；（c）潜水河水互补

三、承压水

充满在两个相对隔水层之间，具有承压性质的地下水称为承压水（图4-8）。承压含水层的上、下隔水层，分别称为隔水顶、底板。顶、底板之间的垂直距离称为承压水的含水层厚度。当隔水层顶板被打穿时，所见水位叫初见水位。随后，地下水在静水压力作用下，上升到顶板以上一定的高度稳定不变，该高度称为承压水头高度（图4-8中的 H_1、H_2）。这时的水面标高叫做承压水位或承压水头。各观测点承压水位的连线叫承压水位线或水头线。若承压水位高出地表，地下水便自行溢出或喷出，所以承压水又叫自流水。高于地表的承压水位叫正水头；低于地表的叫负水头。

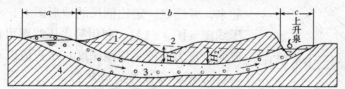

图4-8 承压水结构示意剖面图

a—补给区；b—承压区；c—排泄区；

1—隔水层；2—承压水水位；3—承压含水层；4—隔水层；

H_1—正水头；H_2—负水头

（一）承压水的特征

承压水的分布区与补给区不一致。分布区包括补给区、承压区和排泄区三部分。补给区靠大气降水或地表水的渗入补给。当潜水位高于承压水位时，潜水可通过断裂带或局部弱透水层通道补给承压水。承压含水层之间只要有通道相连，也可以产生补排关系。排泄区有潜水或地表水存在时，承压水可直接排入其中。当含水层被水文网切割或有导水断层通过时，承压水常以泉的形式排泄于地表。

承压含水层的厚度比较稳定。承压水的水质不易受到污染。其动态（如水温、水位、水量、水质等的变化）受气象、水文因素的影响不显著。

承压水为有压水流，具有非自由水面。其径流条件与含水层的透水性、构造挠曲程度以及补给区到排泄区的距离和水位差有关。当含水层的透水性越强，挠曲程度越小，补给区到排泄区的距离越短，水位差越大时，则承压水的径流条件就越通畅，水交替也就越强烈；反之，径流条件就缓慢，水交替也微弱。

在基岩地区，承压水的形成主要取决于地质构造，能够贮存承压水的地质构造，一般有向斜贮水构造和单斜贮水构造两类。向斜贮水构造又叫承压盆地或自流盆地（图4-8）。向斜贮水构造与地形一致时叫正地形；若不一致称负地形（图4-9）。单斜贮水构造又称

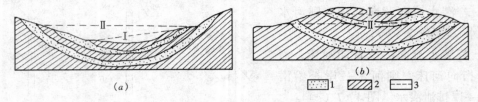

图4-9 贮水构造与地形关系
(a) 正地形；(b) 负地形
1—含水层；2—隔水层；3—承压水位；Ⅰ—上层承压水位；Ⅱ—下层承压水位

承压斜地或自流斜地，其形成是由于含水层岩性发生相变或尖灭（图4-10），以及含水层被断层穿切所至（图4-11）。当侵入岩体侵入到透水性很强的岩层中时，由于岩体的阻水作用也可形成承压斜地。例如山东济南的承压斜地，就是闪长岩侵入到寒武奥陶系石灰岩、白云岩中形成的。

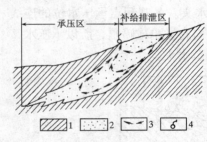

图4-10 岩性变化形成的承压斜地
1—隔水层；2—含水层；3—地下水流向；4—泉

（二）等水压线图

在承压含水层分布区，将各观测点标高相同的含水层顶板高程（初见水位）和承压水位（稳定水位）连接起来，并绘在一定比例尺的地形图上，便成了一张等水压线图（图4-12）。利用等水压线图可以确定承压水的流向、水力坡度、埋藏深度、水头值以及承压水位等。

1. 承压水流向的确定

垂直于等水压线，用箭头指向高程较低的等水压线的方向，即为流向。

2. 水力坡度的确定

沿着流向任取两点，算出其承压水位差后，除以两点间的距离，便得到两点间的平均水力坡度。

3. 承压含水层埋藏深度的确定

某点的地表高程，减去该点含水层顶板高程，便得该点的埋藏深度。

4. 承压水头值的确定

某点的承压水头值，等于该点的承压水位与该点顶板高程之差。据此，可以预测开挖洞室和基坑时的水压力。

5. 承压水位距地表深度的确定

某点的地表高程，减去该点的承压水位，便可得知承压水位距地表的深度。该值为负时，承压水溢出（自喷）地表。

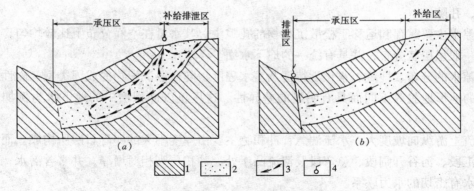

图 4-11 断层形成的承压斜地

（a）阻水断层；（b）导水断层

1—隔水层；2—含水层；3—地下水流向；4—泉

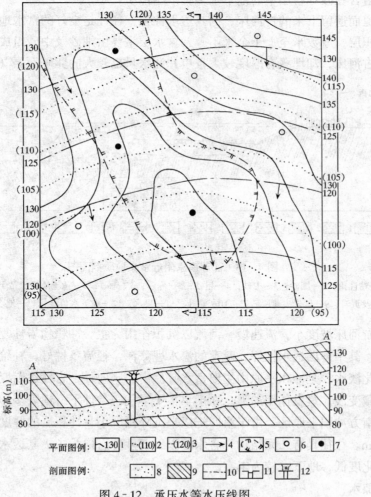

平面图例：〜130〜1　(110)2　(120)3　→4　5　○6　●7

剖面图例：8　9　10　11　12

图 4-12 承压水等水压线图

1—地形等高线；2—含水层顶板等高线；3—等水压线；4—地下水流向；5—承压水自溢区；6—钻孔；
7—自喷钻孔；8—含水层；9—隔水层；10—承压水位线；11—钻孔；12—自喷钻孔

四、孔隙水

孔隙水主要赋存和运移于松散沉积物的孔隙中。其水量在空间分布上比较均匀，连续性好，一般呈层状分布，并具有统一的地下水面。

孔隙水的分布、埋藏、水化学特征及富水程度，随松散沉积物的成因类型、岩性结构及所处的地形地貌等不同而具有明显的差异性。这里仅以冲积层中的地下水为例加以说明。

河流上游纵向坡度大，水流湍急，冲积物主要由厚度不大的卵砾石层所构成。而在主支流交汇段、河谷开阔段、急弯段及河流凸岸处，冲积层则相对增厚，并富含潜水，其潜水与河水有密切的水力联系。

河流中游纵向坡度变缓，河谷变宽，冲积层逐渐加厚，常有河漫滩和阶地分布。阶地多呈二元结构，上部为粉砂、亚砂土和亚粘土等细粒物质，下部为砂砾层。由于上部弱透水层覆盖，富含在砂砾石层中的地下水多具承压性质。

河流改道而遗留下来的古河床，因其透水性强，往往是良好的富水地段。例如南京附近的长江冲积层，厚数米至七十余米不等，含水层主要由细砂及中砂组成。而在浦口至老江口一带的古河床，却埋藏有厚度较大且单井涌水量也较大的卵砾石层（图4‐13）。

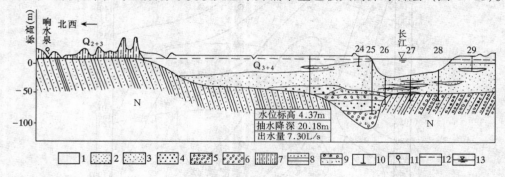

图4‐13　江苏南京附近水文地质剖面图

1—粘性土；2—细砂；3—中砂；4—粗砂；5—砾砂；6—砾石；7—黄土质轻亚粘土；8—砂岩及页岩；9—砾岩夹薄层砂岩；10—钻孔；11—泉水；12—地下水位线；13—地表水水位

河流下游河床坡度小，流速慢，河流以沉积作用为主。冲积物岩性复杂，常形成广阔的冲积平原。其中砂层透水性好，赋存的潜水埋藏深，径流条件好，补给充沛，水量丰富且多为低矿化淡水，是冲积平原中主要富水区。由河床向外，岩性逐渐变细，径流条件变差，潜水埋藏变浅，蒸发作用加强。在干旱半干旱气候条件下，地表多形成土壤盐渍化地带。在我国南方冲积平原区，由于第四纪以来沉降幅度小，冲积层的厚度比北方薄，一般只有20～60m。往往具有二元结构，含水层以下部砂砾石层为主，其透水性强，补给条件好，水的矿化度低，地下水较为丰富。

五、裂隙水

裂隙水是指赋存和运移于非可溶岩裂隙中的地下水。其分布不均匀，具有明显的各向异性。

裂隙水的形成和分布主要受基岩裂隙的成因类型所控制。通常把裂隙水分为构造裂隙水、成岩裂隙水和风化裂隙水三种类型。

　　构造裂隙水可以是潜水，也可以是承压水。按其分布特征，又可分为层状裂隙水和脉状裂隙水。层状裂隙水常分布在区域构造裂隙发育的岩层中，为统一的含水层，例如我国二迭、三迭系煤系地层中广泛分布的砂岩裂隙水，便属于这种类型；脉状裂隙水多分布在断层和局部构造裂隙中，常呈带状分布，具有方向性，地下水往往自成独立的循环体系。各脉状裂隙水之间，水力联系很弱，没有统一的地下水面（图4-14）。

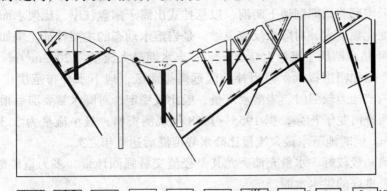

图4-14　脉状裂隙水示意图

1—不含水的开启裂隙；2—含水的开启裂隙；3—包气带水流方向；
4—饱水带水流方向；5—地下水位；6—水井；7—自喷孔；8—干
井；9—季节性泉；10—常年性泉

　　岩浆岩冷凝收缩，沉积岩固结脱水均可形成成岩裂隙（原生裂隙），其中以喷出岩、岩脉及侵入岩与围岩接触带的成岩裂隙最为发育。喷出岩中的成岩裂隙大多张开，密集均匀相互沟通，常构成贮水丰富、导水通畅的含水层。例如美国檀香山城，就以玄武岩成岩裂隙水当作供水水源。岩脉及侵入岩与围岩接触带中原生裂隙发育，且多张开。赋存在其中的成岩裂隙水常呈带状分布。成岩裂隙水可以是潜水，也可以是承压水。

　　风化裂隙水多呈层状分布，一般具有统一的地下水面。风化裂隙随深度增加而减弱到消失，下部微风化或未风化岩石可构成隔水底板，故风化裂隙水多为潜水。其水质一般尚好，为重碳酸盐型淡水。动态随季节发生明显变化。

六、岩溶水

　　赋存和运移于溶蚀洞隙中的地下水称为岩溶水。

　　岩溶水的富集与岩溶发育程度密切相关。岩溶水多富集在断层破碎带、褶皱轴部、可溶岩与非可溶岩接触带，以及质纯层厚的或靠近地表的可溶岩。因这些部位岩溶发育，地下水易于汇集和贮存。

　　由于岩溶介质透水性的差异，岩溶水的流速、流态变化比较复杂。如空隙大的溶洞导水能力强，地下水流速快，岩溶水处于紊流状态，呈无压流动；而细小的溶隙导水能力弱，水流速度慢，岩溶水则处于层流状态，呈有压流动。因此，在一定的条件下，有压水流和无压水流可以并存；层流和紊流可以并存；孤立水流与具有统一地下水面的岩溶水流也可以并存。同一地区还可出现河水全部流入地下成为暗河，之后又涌出地表，即所谓明流与暗流并存的独特现象。

岩溶水的主要补给来源是大气降水。如我国南方岩溶发育地区，百分之八十以上的降水补给地下水。岩溶水另一重要补给源是地表水，常沿落水洞等垂直导水通道直接流入地下，或者沿溶蚀裂隙缓慢地渗入地下。此外，岩溶水也可以接受非岩溶含水层地下水的渗入补给。

排泄集中是岩溶水的又一特点。岩溶水多以暗河形式排入地表水体，或以泉的形式排出地表。例如云南邱北六郎洞地下暗河，以悬挂式出露于南盘江岸，比河水面高出 120m。

水位水量变化幅度大，对降水反应灵敏，是岩溶水动态的主要特征。例如云南开远南桐暗河，1959 年枯水期最小流量为 $0.20m^3/s$；丰水期最大流量为 $20.2m^3/s$，相差 100 多倍，一涨一落，变化幅度极大。但当补给区远离排泄区，地下水分布范围广，运动较缓慢，含水层的调节能力较强时，岩溶水水量一般比较稳定，对降水常要滞后很长时间才有反映。例如山西汾河龙子祠泉，据 1955～1958 年观测资料，最小流量为 $5.3m^3/s$，最大流量为 $6.7m^3/s$。同时地下水最大流量比降水峰值滞后达半年之久。

岩溶水水质一般较好，水量充沛，尤其是径流交替强烈地带，多为重碳酸盐型淡水。如不被污染，是良好的供水水源。

七、泉

泉是地下水的天然露头，也是地下水的一种重要排泄方式。泉来自地下水，因此在水文地质调查中，泉是主要研究对象之一。泉多分布在山区及丘陵地带的沟谷中和坡脚下。泉水是一种宝贵的天然资源。有的地方用作农田灌溉，工业与生活供水，甚至发电。有的称之为矿泉或温泉的，因含有特殊的化学成分、气体成分和有较高的温度而具有医疗价值，或从中提取有用矿物成分。温度很高的还可供地热发电或采暖之用。

根据泉的补给来源和出露条件分类，是目前泉分类中最常用的方法。

按照补给来源，泉可分为上升泉及下降泉两类。

（一）上升泉

由承压水补给，水流受压溢出或喷出地表，其动态变化较小。

（二）下降泉

由潜水或上层滞水补给，水量随季节变化较大。

按出露条件，泉一般又可分为侵蚀泉、接触泉、溢出泉和断层泉（图 4-15）。

1．侵蚀泉

由于沟谷切割到潜水含水层，或切穿承压含水层顶板而形成的泉，分别称为侵蚀下降泉和侵蚀上升泉 ［图 4-15 (a)、(b)］。

2．接触泉

地下水沿含水层与隔水层接触带出露的泉，称为接触下降泉 ［图 4-15 (c)］；地下水沿岩脉或侵入体与围岩接触带上升到地表形成的泉，称为接触上升泉 ［图 4-15 (d)］。

3．溢出泉

由于潜水流动方向上岩石透水性的急剧变弱，使地下水流受阻而溢出地表形成的泉，

称为溢出泉 [图 4-15 (e)、(f)、(g)]。

4. 断层泉

当断层切割承压含水层后，地下水沿导水断层上升至地表形成的泉，称为断层泉 [图 4-15 (h)]。

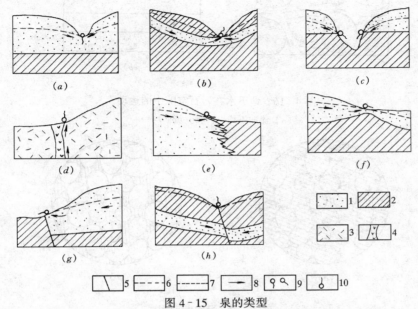

图 4-15　泉的类型

(a)(b) 侵蚀下降泉及侵蚀上升泉；(c)(d) 接触下降泉及接触上升泉；

(e)(f)(g) 溢出泉；(h) 断层泉

1—透水层；2—隔水层；3—基岩；4—岩脉；5—断层；6—潜水位；7—承压水位；

8—地下水流向；9—下降泉；10—上升泉

第四节　地下水运动的基本规律

由于岩、土空隙的大小、形状和连通情况极不相同，因此地下水的运动是极其复杂的。如在不同空隙或同一空隙不同部位，地下水的流动方向和流速大小均不相同 [图 4-16 (a)]。

根据实际需要，通常用假想的水流模型去代替真实的水流，对地下水流加以简化，亦即只考虑地下水流的主要流向，不考虑渗流途径的迂回曲折；假想渗流的全部（空隙和颗粒骨架）被水流所充满 [图 4-16 (b)]。

一、渗透速度和实际流速

地下水在岩、土空隙中的运动称为渗透。垂直于渗透方向的含水层截面，称为过水断面。过水断面包括空隙和颗粒骨架所占的全部空间，其面积用 ω 表示 [图 4-17 (a)]。地下水流通过的实际过水断面，是指该断面中的空隙部分 [图 4-17 (b)]。

地下水流在其过水断面上的平均流速，称为渗透速度或渗流速度。即：

$$V = \frac{Q}{\omega} \tag{4-6}$$

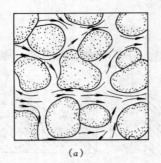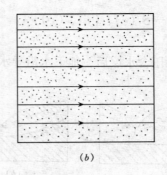

图 4-16 地下水在岩石空隙中的运动

(a) 流向不均一；(b) 流向均一

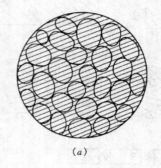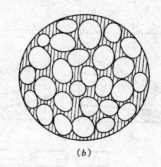

图 4-17 过水断面图

(a) 渗透水流过水断面；(b) 实际水流过水断面

式中 V——渗透速度，m/d，m/s；

ω——过水断面面积（颗粒和空隙的总面积），m^2；

Q——渗透流量，m^3/d，L/s。

渗透速度是一个假想的速度。即当流量不变，整个过水断面全部为假想水流充满时渗流运动的平均流速。实际流速是地下水流在岩、土空隙中的实际平均流速。即：

$$u = \frac{Q}{\omega_1} = \frac{Q}{\omega p} \tag{4-7}$$

式中 u——地下水的实际流速，m/d，m/s；

ω_1——过水断面中空隙所占的总面积，m^2；

p——岩石的空隙度（以小数表示）。

由式（4-6）及式（4-7）得：

$$V = pu \tag{4-8}$$

从式（4-8）可知，渗透速度小于实际流速，因 p 的数值总是小于 1。对颗粒粗的或裂隙大的岩层来说，其 p 值与给水度 μ 值相差不大，渗透速度与实际流速的关系可用式（4-8）表示。但对细颗粒的含水层来说，因 μ 值与 p 值相差很大，必须用 μ 值替代 p 值，即：

$$V = \mu u \tag{4-9}$$

二、线性渗透定律—达西定律

法国水力学家达西（H.P.G.Darcy），在1852年至1856年间，通过大量模拟实验后得出线性渗透定律。实验是在装有砂的圆筒中进行（图4-18）。水由筒的上方加入，经过砂柱后由下端流出，并控制上、下游水位，使水头始终保持不变。用圆筒上、下端测压管分别测出上、下过水断面的水头。从下端出口处测定流量。实验结果得到下列关系式

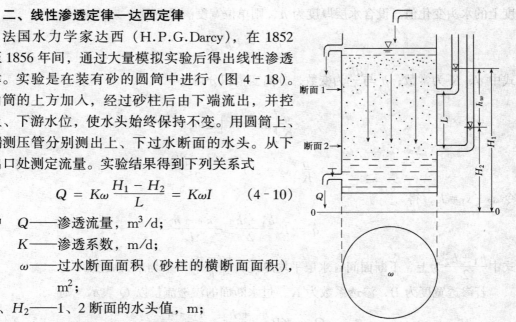

$$Q = K\omega \frac{H_1 - H_2}{L} = K\omega I \qquad (4-10)$$

式中　Q——渗透流量，m^3/d；

　　　K——渗透系数，m/d；

　　　ω——过水断面面积（砂柱的横断面面积），m^2；

H_1、H_2——1、2断面的水头值，m；

　　　L——渗流长度（1、2断面间的距离），m；

　　　I——水力坡度。

图4-18　达西试验示意图

式（4-10）为达西公式，将其代入式（4-6）又可得另一表达式：

$$V = KI \qquad (4-11)$$

式（4-11）表明，渗透速度与水力坡度的一次方成正比，故达西公式称之为线性渗透定律。当$I=1$时，$V=K$，渗透系数的值，相当于水力坡度为1时的渗透速度。水力坡度一定时，V与K成正比。V一定时，I与K成反比。表明渗透系数大时，岩石透水性好，水头损失小。因此，K值是表征含水层渗透性能的一个重要参数。

实验表明，不是所有地下水的层流运动都服从达西定律，只有当雷诺数$Re<1\sim10$时才符合达西定律。在自然界中，由于绝大多数地下水流动比较缓慢，其雷诺数一般都小于1，因此，达西定律是地下水运动的基本定律。

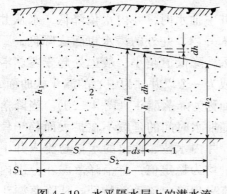

图4-19　水平隔水层上的潜水流

1—隔水层；2—含水层

三、达西定律的应用

达西定律的实际应用范围很广，现摘其三例予以说明。

1. 求算地下水渗透流量

设一潜水含水层为均质、各向同性的水平岩层，地下水呈稳定平行流动（图4-19）。图中潜水浸润曲线为一下降曲线，各点的水力坡度均不相同，故以微分形式表示，即

$$I = -\frac{dh}{ds}$$

式中 ds 为渗透途径上无限小的长度；dh 为 ds 长

度上的水头变化值。设含水层厚度为 h，则单位宽度渗透流量 q 为

$$q = -Kh\frac{dh}{ds} \tag{4-12}$$

式中 q、K 为常数；h 与 $\frac{dh}{ds}$ 为变数，分离变量积分得：

$$\frac{q}{K}\int_{s_1}^{s_2}ds = -\int_{h_1}^{h_2}hdh$$

$$\frac{q}{K}(s_2-s_1) = \frac{h_1^2-h_2^2}{2}$$

令 $s_2-s_1=L$，得

$$q = K\frac{h_1+h_2}{2}\cdot\frac{h_1-h_2}{L} \tag{4-13}$$

式中 $\frac{h_1+h_2}{2}$ 为上、下断面间含水层平均厚度；$\frac{h_1-h_2}{L}$ 为平均水力坡度。

若渗透宽度为 B，渗透系数为 K，过水断面的渗透流量以 Q 表示，则

$$Q = KB\frac{h_1+h_2}{2}\cdot\frac{h_1-h_2}{L} \tag{4-14}$$

上式中 h_1、h_2、B、K、L 等值，通过野外勘探和试验可以确定，因此 Q 值也就不难算出。

2. 求算井的出水量

1863 年法国水力学家裘布依（J.J.DuPuit），首先应用达西定律对潜水完整井（穿透整个含水层的井）的出水量进行过计算。他假设潜水含水层为均质、各向同性的水平岩层，潜水面为水平面，其侧向边界无限远，附近无井进行抽水或注水。

井中抽水时，井内水位降低，水从井壁流入井内，井外的潜水也随之降低，距井越远，降低值越小，最远处趋于零。潜水面成为一个以井轴为中心的漏斗状曲面，该曲面称为降落漏斗（图 4-20）。当降落漏斗随抽水时间的延续不在扩大而趋于稳定时，井内水位、抽出的水量与流入井中的水量均为稳定值，整个降落漏斗范围内的水流呈现稳定流动的特征。从降落漏斗边缘到井轴的距离称为影响半径，常用 R

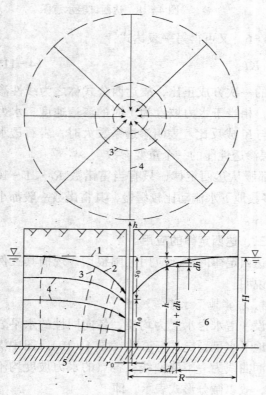

图 4-20　井流条件示意图

1—天然水头线；2—降落漏斗；3—等水头线；
4—流线；5—隔水层；6—含水层

表示。

过水断面是一个以井轴为中心的旋转曲面。为了便于求解，可近似地视为一圆柱面，其过水断面面积为：

$$\omega = 2\pi rh$$

其中 r 是以井轴为中心的圆柱面半径；h 是与井轴距离为 r 的含水层厚度，其水力坡度为：

$$I = \frac{dh}{dr}$$

根据达西定律得：

$$Q = K\omega I = K2\pi rh\frac{dh}{dr}$$

分离变量，并在 r_0 到 R，h_0 到 H 间积分，即：

$$Q\int_{r_0}^{R}\frac{dr}{r} = 2\pi K\int_{h_0}^{H}hdh$$

得：

$$Q = \frac{\pi K(H^2 - h_0^2)}{\ln\dfrac{R}{r_0}} \tag{4-15}$$

式中　Q——井的出水量，m^3/d；

K——渗透系数，m/d；

H——含水层厚度，m；

h_0——井中水位降落后水层厚度，m；

r_0——井的半径，m；

R——影响半径，m。

式 (4-15) 为地下水向潜水完整井运动的裴布依公式。用 S_0 表示井中的水位降深，则 $S_0 = H - h_0$，再将自然对数换算成常用对数，式 (4-15) 可变为：

$$Q = \frac{1.366K(2H - S_0)S_0}{\lg\dfrac{R}{r_0}} \tag{4-16}$$

若抽水井附近有一或两个观测孔时，只要变动一下相应的积分上下限，便可得到出水量公式，即：

一个观测孔时：

$$Q = \frac{1.366K(2H - S_0 - S_1)(S_0 - S_1)}{\lg\dfrac{r_1}{r_0}} \tag{4-17}$$

二个观测孔时：

$$Q = \frac{1.366K(2H - S_1 - S_2)(S_1 - S_2)}{\lg\dfrac{r_2}{r_1}} \tag{4-18}$$

式中　S_1、r_1——分别为一号观测孔的水位降深，和该孔距抽水井的距离，m；

　　　S_2、r_2——分别为二号观测孔的水位降深，和该孔距抽水井的距离，m；

其余符号意义同前。

至于承压含水层中的完整井，其出水量的计算同样可用达西定律，通过类似式 (4-15) 的推求过程可得出：

$$Q = 2.732K \frac{MS}{\lg \frac{R}{r_0}} \tag{4-19}$$

式中　M——承压含水层厚度，m；

其余符号意义同前。

对于用达西定律推导潜水、承压水不完整井（未穿透整个含水层的井）出水量，可查阅《水文地质手册》等专著，在此不一一列举。

3．坝基防渗分析

设坝下为透水的砂层，库水在坝上、下游水头差的作用下必沿坝下渗漏（图4-21）。

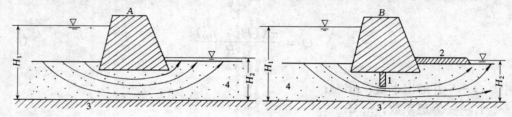

图 4-21　库水渗漏示意图

1—心墙；2—防渗层；3—隔水层；4—透水层

其渗漏量服从达西定律，即：

$$Q = K\omega \frac{H_1 - H_2}{L}$$

式中　Q——坝下渗漏量，m³/d；

　　　K——砂层的渗透系数，m/d；

　　　ω——坝下过水断面面积，m²；

H_1、H_2——坝上、下游水位，m；

　　　L——坝下渗透途径，m。

上式表明，要想坝基渗漏量 Q 变小或等于零，必须设法使 K、ω、I 变小或使其中一个等于零。基于此，设计人员常采用隔水心墙（图4-21中1），或铺设防渗层（图4-21中2）方法防渗。其作用是减少过水断面，或增加渗透途径使水力坡度减小。如果砂层不厚，可将隔水心墙直接置入隔水底板内，使过水断面等于零，这样渗漏量也随之为零，从而达到防渗目的。

四、非线性渗透定律

地下水在较大的空隙中或在抽水井附近运动时，常呈紊流状态。1912 年谢才（A.de

Chezy）提出了地下水呈紊流状态时的运动规律，其公式为：

$$Q = K_c \omega I^{\frac{1}{2}} \qquad\qquad (4-20)$$

或
$$V = K_c I^{\frac{1}{2}} \qquad\qquad (4-21)$$

式中　K_c——紊流状态时的渗透系数，m/d；

其余符号意义同前。

式（4-21）表明，地下水的渗透速度与水力坡度的平方根成正比，故为非线性渗透定律。

当地下水由层流状态转变为紊流状态时，其间还可能存在混合流状态，其公式为：

$$Q = K_m \omega I^{\frac{1}{m}} \qquad\qquad (4-22)$$

或
$$V = K_m I^{\frac{1}{m}} \qquad\qquad (4-23)$$

式中　K_m——混合流时的渗透系数，m/d；

　　　m——介于 1~2 之间；

其余符号意义同前。

第五节　地下水资源及评价

地下水是水资源的一个重要组成部分。在评价地下水资源时，不仅要有地下水的水质和水量，还必须考虑地下水受自然条件和人为开采的影响，具有不断运动、接受补给、不断排泄和在一定条件下自动恢复的特点。

地下水虽然是一种可以得到补偿的资源，但并不是可以无限制地进行开采。如果开发得当，可以用之不竭，否则，势必导致水源枯竭，甚至恶化自然环境。

一、地下水资源的分类

目前较为常用的是将地下水资源划分为补给量、贮存量和可开采量三种类型。

（一）补给量

系指单位时间内流入含水层中的总水量。用 $100Mm^3/a$ 或 m^3/d 表示。由天然补给量和开采补给量两部分组成。

1．天然补给量

系指天然条件下进入含水层中的水量。一般包括大气降水、灌溉水的渗入量；相邻含水层在天然水头差作用下的越流补给量；以及地表水、地下水经边界渗入的侧向补给量（图4-22）。

2．开采补给量

开采补给量又称激化补给量，系指在开采条件下，由于地下水天然水

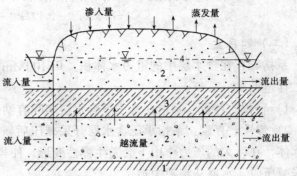

图 4-22　补给量贮存量消耗量关系图
1—隔水层；2—含水层；3—弱透水层；4—水位线

103

动力条件的改变而获得的额外补给量。在地下水开采之前，开采补给量是不存在的，只有在开采条件下才会表现出来，常见有：

1）由于人工开采，地下水降落漏斗扩展到地表水体而夺取的地表水补给量［图4-23 (a)］。

2）在地下水埋藏较浅的地区，由于水位下降而获得的蒸发消耗量或泉流量［图4-23 (b)］。

3）由于抽水而获得或增强相邻含水层的越流补给量［图4-23 (c)］。

4）在水源不足地区，利用人工补给的方法，直接从钻井或沟渠引水回灌而获得的补给量［图4-23 (d)］。

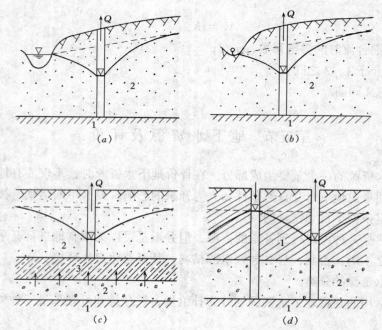

图4-23 开采条件下的额外补给
(a) 夺取河水补给；(b) 夺取消耗补给；(c) 夺取越流补给；(d) 人工回灌补给
1—隔水层；2—含水层；3—弱透水层

（二）贮存量

系指贮存在含水层中的重力水体积。用 $100Mm^3$ 或 m^3 表示。可分为容积贮存量和弹性贮存量两种。

1）容积贮存量：系指在常压下含水层实际容纳的重力水体积。

2）弹性贮存量：系指承压含水层开采减压后新释放出来的水量。承压含水层及其中的水体，在巨大的压力作用下会发生弹性变形，使得含水层能够容纳的水量比常压多。当开采减压时，水就从空隙中被挤出来。

贮存量又可相对的划分为可变贮存量（调节贮量）和稳定贮存量（又称永久贮量）。地下水最低水位以上的贮存量为可变贮存量，因其受气候因素影响呈现季节性变化规律，开采时可以利用并具有恢复性质；地下水最低水位以下的贮存量为稳定贮存量，它不受近期气候影响，具有流动和更换性质。一般情况下不得动用稳定贮存量来保证开采，除非能得到补偿，否则最终将无水可开采。

（三）可开采量

可开采量又名允许开采量，系指在一定的技术经济条件下，能从含水层中开发出来的最大水量。并在整个开发期间内，其水量、水质、水温、开采条件及周围环境等不会出现明显的恶化。用 $100Mm^3/a$ 或 m^3/d 表示。

补给量、贮存量和可开采量之间是彼此关联的。在开采条件下，抽出的开采量由形成漏斗体积的贮存量提供，而被抽取的贮存量又由补给量来偿还，补给量再由减少排泄或开采补给量来平衡。亦即补给量对可开采量起平衡和保证作用，而贮存量是聚集补给量和起调节作用的一个量。

二、地下水资源的计算

（一）补给量的计算

1. 降水渗入补给量

$$Q_渗 = P\alpha F \tag{4-24}$$

式中　$Q_渗$——年平均降水渗入补给量，m^3/a；

　　　P——年平均降水量，m/a；

　　　α——年平均降水渗入系数（降水渗入量与降水量之比值）；

　　　F——降水渗入补给面积，m^2。

2. 越流补给量

$$Q_越 = KF\frac{H - h_c}{m} \tag{4-25}$$

式中　$Q_越$——越流补给量，m^3/d；

　　　K——弱透水层的渗透系数，m/d；

　　　F——越流层的面积，m^2；

　　　H——相邻含水层水位，m；

　　　h_c——开采层地下水降落漏斗的平均水位，m；

　　　m——弱透水层的厚度，m。

3. 灌溉水补给量

灌溉水对地下水的补给，一般包括灌溉渠系渗漏补给和田间灌水渗漏补给两部分。

灌溉渠系主要指斗渠、农渠、毛渠等小型沟渠，其渗漏补给量为

$$Q_渠 = (1 - \eta)Q \tag{4-26}$$

式中　$Q_渠$——灌溉渠系渗漏补给量，m^3/d；

　　　Q——灌溉渠系引水量，m^3/d；

　　　η——渠系有效利用系数。

η 值可通过现场观测确定或利用经验数值。一般无衬砌渠道有效利用系数为 0.3～0.5；有衬砌的为 0.6～0.7。衬砌质量良好，灌水技术合理的情况下，η 值可达 0.95～

0.98。

田间灌水渗漏补给量，等于灌溉水量乘以渗入系数，再乘以灌溉面积。其中渗入系数与土壤条件、灌水定额（每亩的灌水量）及灌水前地下水的埋深有关，可从现场观测确定。

4. 侧向补给量

$$Q_{侧} = KI\omega \qquad (4-27)$$

式中　$Q_{侧}$——侧向补给量（地下水径流量），m^3/d；

　　　K——含水层的平均渗透系数，m/d；

　　　I——地下水水力坡度；

　　　ω——过水断面面积，m^2。

（二）贮存量的计算

1. 容积贮存量

$$Q_{容} = \mu FH \qquad (4-28)$$

式中　$Q_{容}$——容积贮存量，m^3；

　　　μ——含水层的给水度；

　　　F——含水层的分布面积，m^2；

　　　H——含水层的厚度，m。

2. 弹性贮存量

$$Q_{弹} = \mu_e Fh \qquad (4-29)$$

式中　$Q_{弹}$——弹性贮存量，m^3；

　　　μ_e——弹性释水系数；

　　　F——含水层的面积，m^2；

　　　h——承压水头高度，m。

在岩性相同的条件下，含水层埋藏越深，μ_e 值越小。根据抽水试验资料，我国北方地区 μ_e 值变化于 $1\times10^{-5}\sim1\times10^{-4}$ 之间。

3. 可变贮存量

$$Q_{可} = \mu F\Delta H \qquad (4-30)$$

式中　$Q_{可}$——可变贮存量（调节贮量），m^3；

　　　μ——高水位到低水位间的平均给水度；

　　　F——含水层分布面积，m^2；

　　　ΔH——地下水位变化幅度，m。

（三）可开采量（允许开采量）的计算

计算可开采量的方法有水量均衡法、相关分析法、水动力学法、水文学法、比拟法、模型法及开采试验法等。这里仅择其常用的水量均衡法作如下介绍。

水量均衡法，是研究某一地区（均衡区）在一定时间内（均衡期）地下水的补给量、贮存量与消耗量之间的平衡关系，以此来评价可开采量的一种方法。对于一个含水层，补给量与消耗量之差，即为贮存量的变化值。据此，可建立下列潜水均衡方程式：

$$\mu F \frac{\Delta h}{\Delta t} = (Q_t - Q_c) + (WF - Q_k) \tag{4-31}$$

而

$$W = P_\gamma + R_\gamma + W_\gamma - E \tag{4-32}$$

式中　μ——含水层的平均给水度；

F——计算均衡区的面积（或含水层的面积），m^2；

Δt——计算时间（均衡期），a；

Δh——在 Δt 时段内含水层的水位平均变化幅度，m；

Q_t——含水层的侧向流入量，m^3/a；

Q_c——含水层的侧向流出量，m^3/a；

W——为垂直方向上补给强度，m/a；

Q_k——预测开采量，m^3/a；

P_γ——为降水入渗强度，m/a；

R_γ——为地表水入渗强度（包括灌溉水），m/a；

W_γ——为越流补给强度，m/a；

E——为潜水蒸发强度，m/a。

因开采时 Δh 为负值，式（4-31）可改写为：

$$Q_k = (Q_t - Q_c) + WF + \mu F \frac{\Delta h}{\Delta t} \tag{4-33}$$

利用式（4-33）可求得均衡区的可开采量，也可以设计一个开采量，去预测均衡区水位变化值 Δh。

对于承压含水层，式（4-33）亦适用，但必须用弹性释水系数 μ_e 代替 μ；其中 $W = W_\gamma + W_s$。W_s 为弱透水层的释水强度。

三、地下水水质评价

地下水的水质评价，通常包括饮用水、矿泉水、工业用水、灌溉用水及水的侵蚀性等方面的评价。这里仅就水的侵蚀性评价作一般介绍。

地下水的侵蚀性，主要表现在对混凝土和铁制构件的破坏上。

1. 地下水对混凝土的侵蚀作用

地下水对混凝土的侵蚀，可分为碳酸型侵蚀、硫酸盐侵蚀以及镁化性侵蚀三种。

碳酸型侵蚀作用大小，取决于水中侵蚀性 CO_2 含量的多少。侵蚀性 CO_2 的侵蚀作用，主要表现在对碳酸盐类物质（如石灰岩、混凝土等）的溶解与溶滤方面。当水中游离 CO_2 与碳酸盐类物质作用时，反应式为：

$$CaCO_3 + H_2O + CO_2 \rightleftharpoons Ca^{2+} + 2HCO_3^-$$

上式为可逆反应。表明水中有一定数量的 HCO_3^- 存在时，就必须有一定数量的溶解于水的 CO_2 与之平衡。当 CO_2 含量小于平衡所需数量时，反应式向左方进行，于是析出 $CaCO_3$；当 CO_2 含量大于平衡所需数量时，反应式向右方进行，$CaCO_3$ 被溶解，而使水中

HCO_3^- 增加，以趋达到新的平衡。因此，只要水中游离 CO_2 含量超过平衡所需数量，水中就有侵蚀性 CO_2 出现，就会对混凝土产生侵蚀作用。碳酸型侵蚀又称分解性侵蚀。侵蚀性 CO_2 的含量，一般用实测方法确定。

当水中过量的 SO_4^{2+} 渗入到混凝土中时，便会产生硫酸盐侵蚀，其反应式为：

$$4CaO \cdot Al_2O_3 \cdot 12H_2O + 3CaSO_4 \cdot nH_2O \longrightarrow 3CaO \cdot Al_2O_3 \cdot 3CaSO_4 \cdot nH_2O + Ca(OH)_2$$

上式产生过渡产物石膏及新的化合物硫酸钙铝复盐（杰瓦尔盐）。这种杰瓦尔盐的体积比反应前的混凝土体积增大 2.5 倍。混凝土因体积膨胀导致结构疏松而破坏。硫酸盐侵蚀又称结晶性侵蚀。

水中 Mg^{2+} 含量大时，也会产生侵蚀（镁化性侵蚀）。如含有大量 $MgCl$ 的水与混凝土中结晶的 $Ca(OH)_2$ 起交替反应，生成 $Mg(OH)_2$ 和易溶于水的 $CaCl_2$ 而使混凝土破坏。

2. 地下水对铁的腐蚀作用

当水中 H^+ 的浓度大于 OH^- 的浓度时，水呈酸性反应。由于氢置换铁的作用（$Fe + 2H^+ = Fe^{2+} + H_2 \uparrow$），故酸性水对铁具有腐蚀能力。地下水的这种酸性侵蚀与水中 H^+ 浓度有关，H^+ 越大，pH 越低，则腐蚀性越强。

水中的溶解 O_2 与铁接触时会发生氧化作用，使铁锈蚀。当 O_2 与 CO_2 共存时，氧的侵蚀作用加剧。

水中含有游离 H_2SO_4 时，产生的侵蚀作用也是由于氢离子置换铁而引起的。为了防止铁受硫酸的侵蚀，水中 SO_4^{--} 含量最好不超过 25mg/L。

此外，存在于水中的 H_2S、重金属硫酸盐等，对铁均有不同程度的侵蚀破坏作用。

四、过量开采地下水对环境的影响

在自然条件下，地下水与周围环境保持着动态平衡关系。过量开采地下水，首先引起区域地下水位持续下降，使原有的水均衡系统遭到破坏。如七十年代以前，我国华北平原不少地区的承压水可喷出地表，但后来因无节制的增加开采量，使承压水位逐渐降低，以致形成许多大面积的水位深达数十米的降落漏斗。其次，大量开采地下水是引起地层压密、地面沉降的主要原因。地面沉降带来的后果是严重的，它能引起道路变形、管道排水不畅、建筑物基础开裂、港口破坏、海水入侵等。国内外不少城市都存在着较为严重的地面沉降问题。如日本因开采地下水造成地面沉降的已超过十个地区，东京有相当大的范围已沉降到海水高潮线以下。又如我国上海，至 1965 年止，沉降中心最大累积下沉量高达 2.37m。后经采取人工回灌及调整开采层位等措施，地面沉降才得以控制。

另外，在滨海地区过量开采地下水，可能会发生海水向地下倒灌，引起水质恶化。在有松散沉积物覆盖的岩溶发育地区，大量抽取地下水，亦可能出现地面塌陷、沉降和开裂现象。

第六节 水 文 地 质 试 验

水文地质试验是测定岩、土水文地质参数，定量评价地下水资源，阐明勘察地区水文地质条件的一种重要手段，它包括野外试验（钻孔压水试验、抽水试验、连通试验、地下水流向流速测定等）和室内试验（各种模拟试验、岩土水理性质的测定等）。这里仅就钻孔压水试验和抽水试验作一介绍。

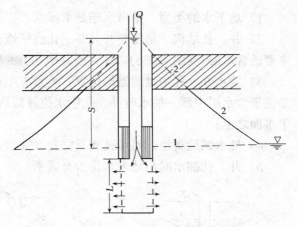

图 4-24 压水试验示意图

1—地下水面；2—压水后的水压面；S—压水时水柱压力；L—试验段长度；Q—压入流量

一、压水试验

钻孔压水试验是测定岩体渗透性的一种常用方法，也是查明地下不同深度的岩体完整性及其相对透水性的主要手段。

在一定压力下，用水泵或自流供水把清水压入钻孔试验段岩体裂隙中，使钻孔周围形成一个倒漏斗状水压面（图4-24）。当压入流量和水柱总压力趋于稳定后，试验段长度范围岩体的单位吸水量（即单位吸水率）可按下式计算。

$$\omega = \frac{Q}{SL} \tag{4-34}$$

式中 ω ——试验段岩体的单位吸水量，L/（min·m·10^4Pa）；

　　Q ——压入流量，L/min；

　　S ——压入时试验段所受水柱总压力，10^4Pa；

　　L ——试验段长度，m。

单位吸水量的含义是指在平均每米水柱压力下，每米试验段每分钟压入岩体中的水量。压水试验适用于基岩钻孔，在地下水位以上和以下均可进行。对于松散岩层，因压水试验易造成孔壁坍塌，栓塞止水困难，故常用抽水试验或注水试验方法求得渗透系数。

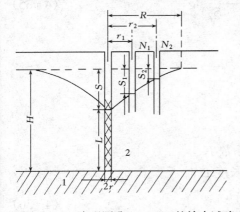

图 4-25 有观测孔 N_1、N_2 的抽水试验

H—潜水含水层厚度；S—抽水孔水位降深；L—钻孔进水段长度；N_1、N_2—观测孔；r—抽水孔半径；r_1、r_2—观测孔至抽水孔距离；S_1、S_2—观测孔水位降深；R—影响半径；1—隔水层；2—含水层

二、抽水试验

抽水试验的主要目的，是了解含水岩层的渗透系数、涌水量及各含水层之间的水力联系。

利用提水设备（提桶、水泵、空压机）从井、孔中抽水，使其水位下降。当井、孔中地下水面或水压面的下降深度值和抽出的水量稳定时，其降落漏斗的轮廓也就基本稳定（图4-25）。用几个观测孔（图4-25中的 N_1、N_2 孔），就能确定降落漏斗的边界，亦即把降落漏斗的最大半径 R 确定下来。

在选择计算岩、土体渗透系数的公式时，主要应考虑以下基本条件：

1）地下水的类型，是潜水还是承压水；

2）井、孔结构，是完整井（井、孔已穿透含水层至隔水层），还是非完整井（井、孔未穿透含水层）（图4-26）。非完整井中还有井底不进水的和井底进水的两种形式；

3）抽水井、孔中过滤器的位置，是紧靠上面隔水层，还是紧靠下面的隔水层，或者是位于含水层中部。抽水时井、孔中水位降低后过滤器是淹没于水中，还是有部分已出露于水面之上；

4）抽水试验类型，是单孔还是群孔（抽水孔周围配备有观测孔）；

5）井、孔抽水时与地表水是否有联系。

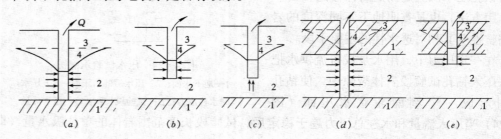

图4-26　井、孔结构类型图

（a）潜水完整井；（b）潜水非完整井，井底不进水；（c）潜水非完整井，仅从井底进水；

（d）承压水完整井；（e）承压水非完整井

1—隔水层；2—含水层；3—地下水面；4—降落漏斗

　　根据稳定后抽出的流量，水位下降值，井、孔半径，抽水影响半径，含水层厚度，井、孔结构，进水条件以及有无观测孔等，用《地下水动力学》中的井中渗流理论，就可得出 K 值的不同计算公式。例如潜水完整井群孔（有二个观测孔）抽水公式为：

$$K = \frac{0.732Q}{(2H - S_1 - S_2)(S_1 - S_2)} \lg \frac{r_2}{r_1} \qquad (4-35)$$

式中　　K——渗透系数，m/d；

　　　　Q——井、孔涌水量，m³/d；

　　　　H——潜水含水层厚度；m；

S_1、S_2——第一、第二观测孔水位降深，m；

r_1、r_2——第一、第二观测孔到抽水孔距离，m。

　　已知单位吸水量 ω 值，按下式可以换算出渗透系数 K。

1）当试验段底部距离隔水层之深度大于试验段长度 L 时

$$K = 0.525\omega \lg \frac{A_1 L}{r} \qquad (4-36)$$

$$A_1 = 0.66 \text{ 或 } 0.80$$

2）当试验段底部距离隔水层之深度小于试验段长度 L 时

$$K = 0.525\omega \lg \frac{A_2 L}{r} \qquad (4-37)$$

$$A_2 = 1.32 \text{ 或 } 1.60$$

式中符号意义同前。

岩层中无水可抽，岩性又太软弱，承受不了压水试验的高压，则采用类似压水试验的办法注水（用水泵或人工灌水）入钻孔形成水柱。注入的流量和孔中水柱面位置均达到稳定后，岩、土的渗透系数为：

$$K = 0.423 \frac{Q}{h^2} \lg \frac{4h}{d} \qquad (4\text{-}38)$$

式中　K——渗透系数，m/d；

　　　Q——注入耗水量，m^3/d；

　　　h——钻孔中注入水柱高度，m；

　　　d——钻孔直径，m。

式（4-38）适用条件：（1）$h \leqslant L$（L 为试验段长度）；（2）$6.25 < \dfrac{h}{d} < 25$

复 习 思 考 题

1．什么是岩石的水理性质？

2．含水层、含水组、含水岩系之间的主要区别是什么？

3．潜水、承压水的主要特征有哪些？

4．等水位线图有哪些用途？

5．试述裂隙水的类型及其特征？

6．岩溶水的主要特征是什么？

7．地下水的渗透速度与实际流速有何不同？

8．什么是达西定律？举例说明其用途？

9．常见的地下水化学成分有哪些？

10．为什么地下水会对混凝土和钢筋构件产生侵蚀性？

11．什么叫开采补给量？常见的有哪几种？

12．怎样用水量均衡法评价地下水的开采资源？

13．过量开采地下水会有什么后果？

14．试述钻孔压水、抽水试验的目的及其原理？

第五章 库区与坝区渗漏问题

库区与坝区渗漏，是水利水电工程普遍存在的工程地质问题。水库蓄水后，水位上升，流速减缓，库区及其邻近地带的地质环境随之发生变化。除可能出现库区浸没、淤积和塌岸外，库、坝区渗漏问题则显得十分突出。如果解决不好，轻者影响水库工程效益，严重的甚至造成库干、坝倒。例如天开水库，建坝后由于未采取防渗措施，致使每年雨季拦蓄洪水后，长则50多天，短则10余天，库水就全部漏失。不仅如此，位于水库下游的天开村也深受其害，一旦库内蓄水，村中就到处冒泉，村民叫苦不迭。又如印度的纳纳克萨加（Nanaksagar）坝，因坝基渗漏而发生管涌破坏，致使坝体决口冲毁，造成32个村镇的人流离失所，损失相当惨重。

第一节 库 区 渗 漏

库区渗漏包括暂时渗漏和永久渗漏。暂时渗漏只发生在水库蓄水初期，库水不漏出库外，仅饱和库水位以下岩土的孔隙、裂隙和空洞而暂时出现的水量损失。永久渗漏是库水通过分水岭向邻谷或洼地，以及经库盆底部向远处低洼排水区渗漏。例如云南水槽子水库，向远离水库15km，比水库低1000m的金沙江边的龙潭沟排泄。所谓水库渗漏，通常指的就是这种永久性漏水。

一、水库渗漏的地质条件

水库渗漏受库区地形、岩性、地质构造和水文地质条件所控制。在分析渗漏时，不能只强调某一方面而忽视别的因素，必须全面考虑，综合判断，否则不可能得出正确结论。

（一）地形

在库岸透水地段，分水岭越单薄，邻谷或洼地下切越深，则库水向外漏失的可能性就越大。若邻谷或洼地底部高程比水库正常蓄水位高，库水就不会向邻谷渗透（图5-1）。

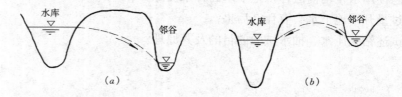

图5-1 邻谷高程与水库渗漏的关系

（a）库水位高于邻谷水位；（b）库水位低于邻谷水位

平原地区河谷切割较浅，库水透过库岸地带向低处渗漏是不容易的。但河曲地段的河间地带较为单薄，应予注意。尤其是古河道，从库内通向库外更不能忽视（图5-2）。例如十三陵水库，右岸有一条古河道沟通库内外，当水库蓄水到一定高程时，库水就沿古河道向外大量漏失。

山区河谷应注意分水岭上的垭口，垭口底部高程必须高于水库正常蓄水位。垭口一侧或两侧山坡若有冲沟分布，则地形显得相对单薄，库水就会沿冲沟取捷径向外漏失。此外，垭口和冲沟往往是地质上的薄弱地带（断层破碎带、节理密集带等），可能是库水漏失的隐患之处。

实践证明，水库内大的集中渗漏通道在地形上常有反映，因此，找出不利地形地段，就可缩小工作范围，加快勘察进程。

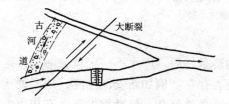

图 5-2　库水沿古河道向外渗漏

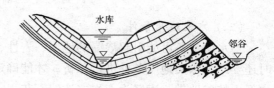

图 5-3　有隔水层阻水的向斜构造
1—透水层；2—隔水层；3—弱透水层

（二）岩性和地质构造

当渗漏通道的一端在库水位以下出露，另一端穿过分水岭到达邻谷或洼地，且高程低于库水位时，则库水可能沿此通道漏向库外。在第四纪松散岩层分布区，能构成库区渗漏通道的，主要是不同成因类型的卵砾土和砂土。非可溶岩的透水性一般较弱，水库漏水的可能性小，但存在有贯通库内外的古风化壳、多气孔构造的岩浆岩、结构松散的砂砾岩、不整合面、彼此串连的裂隙密集带时，库水向外漏失就比较明显。在岩溶地区，库水外漏直接受岩溶通道的影响。岩溶通道主要有三种类型：

1）大型集中渗漏带——通过溶洞、暗河、落水洞等外漏；

2）中型溶蚀断裂带——被溶蚀而扩大空隙的断层和较大的溶隙，该带也会形成集中渗漏，但其规模较大型的小；

3）小型溶隙溶孔带——岩溶化程度较弱，其渗漏形式类似于非可溶岩，渗漏规模较中型小，多为面状或带状形式渗漏。

库区为纵向河谷或横向河谷时，应注意沿地层倾向或走向向邻谷或洼地渗漏的可能性。处于向斜河谷的水库，若隔水层将整个水库包围起来，即使库内有强透水岩层分布，库水也不会向外漏出（图 5-3）。若无隔水层阻挡，或隔水层遭到破坏，且与邻谷或洼地相通，则库水可能漏出库外。水库为背斜河谷时，若透水岩层倾角较小，且被邻谷或洼地切割出露，库水有可能沿透水层向外渗漏 [图 5-4（a）]。但当透水岩层倾角较大，并不在邻谷或洼地中出露时，库水不会向外漏失 [图 5-4（b）]。

断层有导水和阻水之分。应根据断层的性质、破碎程度、充填情况以及上、下两盘岩石性质作具体分析。如图 5-5，由于上盘上升，隔水层阻挡了下盘透水层，使库水难于向外漏失。

113

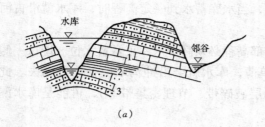
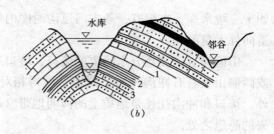

(a) 　　　　　　　　　　　　　　　　　(b)

图 5 - 4　透水岩层倾角不一的背斜构造

(a) 库水位可能外漏；(b) 库水位不会外漏

1—透水层；2—隔水层；3—弱透水层

（三）水文地质条件

当水库具备可能引起渗漏的地形、岩性、地质构造条件后，库水不一定就会漏失，这时还要结合水文地质条件进行分析，才能确定渗漏是否存在。例如新安江水库，地形处于中低山峡谷地带，库区为石炭二迭纪石灰岩，地质构造条件复杂。经勘探发现，石灰岩中地下水分水岭的高程大大高于水库正常蓄水位。尽管石灰岩中岩溶比较发育，但库水不会漏向邻谷。

当分水岭地带的地下水为潜水时，根据地下水分水岭与水库正常蓄水位的关系，可以判断库水是否向库外渗漏。

1）水库蓄水前，地下水分水岭高于水库正常蓄水位时，库水不会渗漏［图 5 - 6（a）］。例如那岸水电站，建库前河水位为 180m，水库正常蓄水位为 227m，而库岸泉水出露高程最低也有 230m，因此水库运行十余年未发生漏水问题。

2）水库蓄水前，地下水分水岭稍低于水库正常蓄水位，且水库正常蓄水位以下没有强烈渗漏通道存在，蓄水时由于库水的顶托作用，地下水分水岭随之升高，并高于库水位，库水也不会产生渗漏［图 5 - 6（b）］。

3）水库蓄水前，地下水分水岭低于水库正常蓄水位，水库蓄水后，由于库岸岩性透水性强，地下

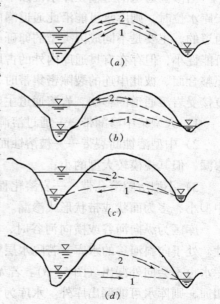

图 5 - 6　分水岭地带水库渗漏示意图

$(a)$$(b)$ 蓄水后分水岭存在库水不漏；

(c) 蓄水后分水岭消失库水外漏；

(d) 蓄水前后库水均向外渗漏

1—水库蓄水前地下水分水岭；

2—水库蓄水后地下水分水岭

图 5 - 5　阻止库水渗漏的断层

1—透水层；2—隔水层；3—弱透水层

114

水分水岭逐渐消失，库水向库外渗漏［图5-6（c）］。

4）水库蓄水前，原河水位向邻谷或洼地渗漏，蓄水后则越发加剧其渗漏［图5-6（d）］。例如云南水槽子水库，建库前河水就通过层间裂隙向那姑盆地渗漏，水库蓄水后，水位增高，水压力加大，渗漏量也随之加剧，使那姑盆地东北部一带到处冒水，以致造成部分民房倒塌，农作物浸水受害。

当分水岭地带有承压水存在时，应对承压水进行具体分析。只要承压含水层穿过分水岭，其两端分别在库区和邻谷、洼地出露，且其出露高程低于水库正常蓄水位，则库水就会沿承压含水层漏向邻谷。水库蓄水前库岸有上升泉时，只要泉水出露高程超过水库正常蓄水位，则库水就不会沿承压含水层漏失。

地下水分水岭的高程，可根据地形分水岭两侧泉水出露的高程加以判断。如无泉、井，则需布置钻探了解地下水位的变化。

有些水库渗漏明显，在邻谷、洼地和下游河谷地带呈现泉水流量增大，或出现新泉点，其流量动态与库水位紧密相关。另外在邻谷村庄、农田地下水位显著抬高，甚至出现沼泽化地带。有的水库渗漏不明显，除不具渗漏通道外，一般是水库建在透水层上，且透水层很厚，库水渗向地下深部，成为区域性含水层补给来源。

二、库区渗漏量计算

库区或坝区渗漏量计算的精确度，取决于边界条件的分析、参数的确定和计算方法的选择。其渗漏量值，是选择坝址、采取防渗及排水措施的重要依据。计算库区渗漏量的公式因地而异，这里仅列举几种常见类型予以说明。

（一）库岸地带隔水层水平时

1.透水性均一的渗漏量（图5-7、图5-8）

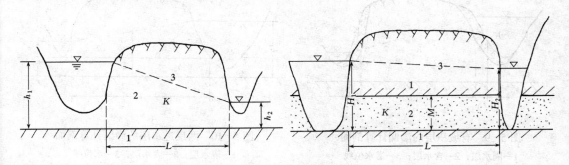

图5-7 单层潜水渗漏计算剖面　　　　　图5-8 单层承压水渗漏计算剖面
1—隔水层；2—含水层；3—潜水位线　　　1—隔水层；2—含水层；3—承压水位线

潜水
$$q = K \frac{h_1 + h_2}{2} \cdot \frac{h_1 - h_2}{L} \qquad (5-1)$$

承压水
$$q = KM \frac{H_1 - H_2}{L} \qquad (5-2)$$

$$Q = qB \qquad (5-3)$$

式中　q——库岸地带单宽渗漏量，$m^3/(d \cdot m)$；

K——库岸地带岩、土的渗透系数，m/d；

h_1——水库水位，m；

h_2——邻谷水位，m；

L——库岸地带过水部分的平均厚度，m；

M——承压含水层厚度，m；

H_1——水库边水头值，m；

H_2——邻谷边水头值，m；

B——库岸地带漏水段总长度，m；

Q——库岸地带总渗漏量，m^3/d。

2. 有坡积层的渗漏量（图 5-9）

$$q = K_v \frac{h_1 + h_2}{2} \frac{h_1 - h_2}{L_1 + L + L_2} \tag{5-4}$$

$$K_v = \frac{L_1 + L + L_2}{\dfrac{L_1}{K_1} + \dfrac{L}{K} + \dfrac{L_2}{K_2}} \tag{5-5}$$

式中 L_1、L_2——分别为库岸地带水库一侧和邻谷一侧坡积层过水部分厚度，m；

K_1、K_2——分别为库岸地带水库一侧和邻谷一侧坡积层的渗透系数，m/d；

K_v——平均渗透系数，m/d；

L——坡积层之间岩、土体厚度，m；

其它符号意义同前。

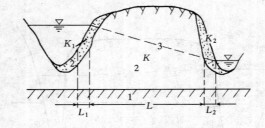

图 5-9 有坡积层的渗漏计算剖面

1—隔水层；2—含水层；3—潜水位线

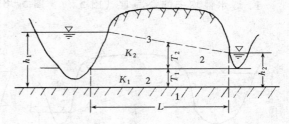

图 5-10 两层透水层的渗漏计算剖面

1—隔水层；2—含水层；3—水位线

3. 有两层透水层的渗漏量（图 5-10）

$$q = K_p \frac{h_1 - h_2}{L}(T_1 + T_2) \tag{5-6}$$

$$K_p = \frac{K_1 T_1 + K_2 T_2}{T_1 + T_2} \tag{5-7}$$

$$T_2 = \frac{h_1 - T_1}{2} + \frac{h_2 - T_1}{2} \tag{5-8}$$

式中 T_1——下层透水层的厚度，m；

116

T_2——上层透水层过水部分平均厚度，m；

K_1、K_2——上、下透水层的渗透系数，m/d；

K_p——平均渗透系数，m/d；

其它符号意义同前。

（二）库岸地带隔水层倾斜透水性均一
的漏渗量（图5-11）。

$$q = K \frac{h_1 + h_2}{2} \frac{H_1 - H_2}{L} \quad (5-9)$$

式中　H_1、H_2——水库与邻谷的水位，m；

　　　h_1、h_2——水库与邻谷岸边潜水含
　　　　　　水层厚度，m；

其它符号意义同前。

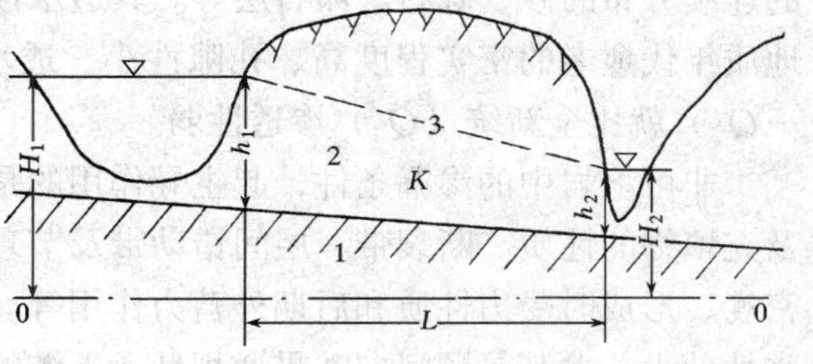

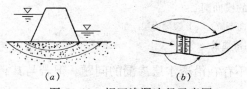

图5-11　隔水层倾斜时的渗漏计算剖面
1—隔水层；2—含水层；3—潜水位线

（三）例题

潜水含水层由石灰岩组成，其渗透系数为12m/d，隔水层水平，其标高为30m，库水位为130m，邻谷水位120m，其间相距4000m，试求6000m长的库岸内由水库流向邻谷的渗漏量。

解　先用公式（5-1）求出q

因　　　　　　　　$h_1 = 130 - 30 = 100\text{m}; h_2 = 120 - 30 = 90\text{m}$

故　　　　　　　　$q = 12\frac{100 + 90}{2} \times \frac{100 - 90}{4000} = 2.85\text{m}^3/\text{d} \cdot \text{m}$

再用式（5-3）求Q

$$Q = q \cdot B = 2.85 \times 6000 = 17100\text{m}^3/\text{d}$$

答　由水库流向邻谷的渗漏量为17100m³/d。

第二节　坝　区　渗　漏

坝区渗漏包括坝基渗漏和绕坝渗漏。前者库水通过坝基漏失；后者库水绕过两岸坝肩渗漏（图5-12）。

坝区渗漏的后果通常是严重的，因为这种渗漏对坝基产生向上顶托的渗透扬压力，因而危及大坝安全。若坝址存在颗粒不均的松散粒状土体，或有破碎岩屑夹泥和可溶蚀的矿物成分时，还可能产生机械管涌和化学管涌。另外，在平原河谷地段，严重的绕坝渗漏，有可能造成下游农田大片浸没。

一、坝区渗漏的地质条件

一般在河谷狭窄、谷坡高陡的坝区，透水层多分布于谷底，因此坝区渗漏主要发生在坝基。而在宽谷区，谷坡下常分布有多级阶地，库水除沿坝基渗漏外，还可能发生绕坝渗漏。

图5-12　坝区渗漏途径示意图
（a）坝下渗漏；（b）绕坝渗漏

松散岩层的渗透性常与所处的地貌环境有关，如河流上游，河床覆盖层多由单一的卵砾石组成，渗透性大，连通性好。而下游河床覆盖层则以细颗粒成分为主，渗透性相对减弱，有的形成二元或多元结构，透水层与隔水层相互迭置。其中透水层上有足够厚的，而且连续稳定分布的粘土层，可用做坝基的防渗层。松散岩层的渗漏通道，主要是透水性强的连续分布的砂、砾石、卵石层等。其透水性强弱，主要取决于孔隙性和密实程度。一般地质年代愈老的密实程度高、孔隙性小、透水性亦较弱。如同一岩性土层，更新统（Q_1 ～Q_2）就比全新统（Q_4）渗透性弱。

非可溶岩中的渗漏条件，起主导作用的是地质构造、岩体中各种结构面的发育程度以及充填物的性质。断裂带、层间错动带及节理等构造结构面的透水性，主要取决于规模、密度、形成时受力性质和后期外营力作用等。如规模大的断层、较破碎的节理密集带，透水性就大，尤其是顺河向并贯通坝址上下游的，常是库水大量渗漏的通道。张性结构面往往充填物较疏松，节理张开，透水性较强。扭性结构面平整光滑，也易于透水。压性结构面一般较紧密，透水性较弱。层面、不整合面、假整合面等原生结构面的透水性，常与这些面上下结合的紧密程度有关。若上下结合不紧密，或有古风化壳存在其间时，透水性较强。如被岩脉、高岭土、风化岩屑充填，则透水性较弱。喷出岩中的柱状节理、气孔构造和间歇喷发的熔岩接触面，往往因充填或接触不良，最易构成集中渗漏。风化、卸荷等作用形成的各种次生结构面，随深度增加而逐渐减弱，并具有两岸透水性较强，而河中较弱的特点。此外，胶结不良的砂、砾岩也是透水的。

在岩溶地区，当坝区无隔水层时，主要沿岩溶通道渗漏。一般纯石灰岩岩溶化强度比泥灰岩或白云岩发育。有隔水层的横向河谷（图5-13），岩层倾向上游时，封闭条件好，有利于防渗阻漏；倾向下游，则封闭条件差。一般倾角愈陡，防渗条件愈好。倾角愈缓（特别是小于30°），则渗漏的可能性愈大。有隔水层的纵向河谷，由于岩层走向与河谷方向一致，不论是单斜谷、向斜谷或背斜谷，只要岩溶贯通坝区上下游，渗漏就不可避免。当存在纵向或斜交断裂构造破碎带时，常可形成岩溶集中发育带，成为集中渗漏通道，或因断层将隔水层错断，破坏阻水作用使其产生渗漏。

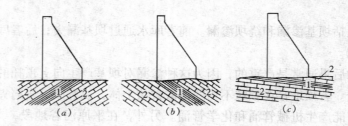

图5-13　有隔水层的横向河谷

（a）岩层倾向上游；（b）岩层倾向下游；（c）缓倾岩层

1—隔水层；2—岩溶地层

在横向河谷条件下，只要坝址为隔水层，就不存在沿透水层渗漏的问题。但若与其它漏水通道组合起来，坝基渗漏仍有可能（图5-14）。

在相同的地形、岩性条件下，纵谷、横谷和斜谷上的坝区，具有不同的渗漏条件（图

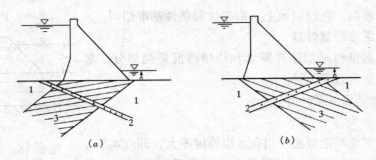

图 5‑14 坝基隔水层与透水带的组合

(a) 隔水层倾向上游；(b) 隔水层倾向下游

1—透水层；2—断层破碎带；3—隔水层

河谷类型	河谷平面图	河谷右岸纵剖面图	河谷横剖面图
纵谷			
斜谷			
横谷			

图 5‑15 坝基坝肩渗漏与河谷构造关系

1—河谷；2—水库回水线；3—沟谷；4—岩层；5—岩层产状；6—坝轴线位置；

A‑B、C‑D—纵横剖面线

5‑15）。

纵谷：岩层走向与坝轴线垂直。在河谷纵剖面上，沿层面渗流途径最短，库水易于渗漏；而在河谷横剖面上，一岸利于渗漏，另一岸则相反。

斜谷：岩层走向与坝轴线斜交。在河谷纵剖面上，沿层面渗流途径较长，当岩层倾向下游时，缓倾斜（<30°）岩层易渗漏，陡倾斜则不易；当岩层倾向上游时，岩层则不易渗漏。而在河谷横剖面上，渗漏条件与纵谷相似。

横谷：岩层走向与坝轴线平行。在河谷纵剖面上，沿层面渗流途径更长，故库水较前

119

两种更不易渗漏。在横剖面上，两岸渗漏条件基本相同。

二、坝区渗漏量计算

坝区渗漏量包括坝基渗漏量和绕坝渗漏量两部分，常见的计算方法有以下几种。

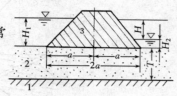

图 5-16　含水层厚度不大时的坝下渗漏
1—隔水层；2—含水层；3—坝体

（一）坝基渗漏量计算

1. 坝基为均质岩层时

（1）卡明斯基近似法　当含水层厚度不大，即 $T \leqslant 2a$，且坝底轮廓为平面形状时（图 5-16），卡明斯基认为坝基下渗透途径总长，应为水平距离和垂直渗透途径之和（$2a + T$），其渗漏量为：

$$Q = KBH \frac{T}{2a + T} \tag{5-10}$$

式中　Q——坝下透漏量，m^3/d；

　　　K——坝下含水层的渗透系数，m/d；

　　　B——坝下含水层渗透段的长度，m；

　　　H——坝上、下游水头差，m；

　　　T——含水层厚度，m；

　　$2a$——坝基宽度，m。

（2）巴甫洛夫斯基公式　当坝下含水层厚度较大，坝底轮廓为平面形状时，巴甫洛夫斯基确定的渗漏量为：

$$Q = KBHq_\gamma \tag{5-11}$$

式中　q_γ——引用流量，即当 $K = 1$、$H = 1$ 时的单宽流量；

　　　其它符号意义同前。

引用流量 q_γ 值的求法一般有以下二种。

1）图解法：当坝下含水层厚度有限时［图 5-17（a）］，q_γ 值与比值 a/T 有关，可根据 a/T 值查［图 5-17（b）］求得。如 $a/T = 1.5$，则 $q_\gamma = 0.25$。

2）反双曲线正弦函数法：当坝下含水层厚度很大时，其引用流量用下式表示：

$$q_\gamma = \frac{1}{\pi} \text{arcsh} \frac{T}{a} \tag{5-12}$$

式中　T——含水层厚度，m；

　　　a——坝基宽度的一半，m；

　arcsh——反双曲线正弦函数。

q_γ 值与比值 T/a 有关，见表 5-1。

表 5-1　　　　　　　　　　　　　　引用流量 q_γ 数值表

T/a	0.1	0.2	0.5	1.0	2.0	5.0	10.0	20.0
q_γ	0.032	0.063	0.153	0.281	0.460	0.736	0.994	1.174

2. 坝基为双层构造时

120

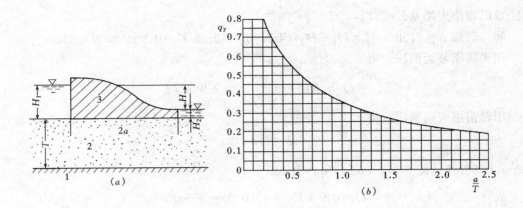

图 5‑17

(a) 隔水底板为有限深时的坝下渗透；(b) 确定坝基下渗透流量的图解

1—隔水层；2—含水层；3—坝体

上层渗透系数 K_1 小，厚度 t 也小；下层渗透系数 K_2 大，厚度 h 也大。且 K_1 比 K_2 小十倍以上。当坝底板为平面时，可用卡明斯基公式计算渗漏量（图 5‑18）。

$$Q = \frac{BH}{\dfrac{L}{K_2 h} + \sqrt[2]{\dfrac{t}{K_1 K_2 h}}} \tag{5-13}$$

式中　　L——坝基宽度，m；

K_1、K_2——上、下含水层的渗透系数，m/d；

t、h——上、下含水层厚度，m；

其它符号意义同前。

若上层 K_1 大于下层 K_2 十倍以上，且 $t > h$ 时，可忽略下层，按单层均质考虑。

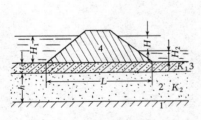

图 5‑18　双层构造的坝基

1—隔水层；2—含水层；

3—弱透水层；4—坝体

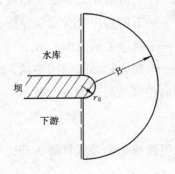

图 5‑19　坝肩绕渗平面图

3. 例题

已知坝长 350m，坝下水平岩层的渗透系数 $K = 0.9$m/d，坝底宽 $2a = 15$m，上游水头 6m，下游水头 2m，坝下含水层厚度 $T = 15$m。求平底坝坝下渗漏量，要求用卡明斯基近似法及巴甫洛夫斯基公式计算。

解 已知 $a = 7.5\text{m}$，$H = H_1 - H_2 = 4\text{m}$，$T = 15\text{m}$，$K = 0.9\text{m/d}$，$B = 350\text{m}$

用卡明斯基近似法，得：

$$Q = KBH \frac{T}{2a + T} = 630\text{m}^3/\text{d}$$

用巴甫洛夫斯基法，得

$$Q = KBHq_\gamma$$

因 $\dfrac{a}{T} = 0.5$，查 [图 5 - 17 (b)]，$q_\gamma = 0.55$

故 $\qquad\qquad Q = 0.9 \times 350 \times 4 \times 0.55 = 693\text{m}^3/\text{d}$

（二）绕坝渗漏量的计算

绕坝渗漏量计算与坝基渗漏量计算一样，首先要搞清边界条件和水文地质条件，然后再选择相应的计算公式。常见的计算方法有全带法和分束法。

1. 全带法

若上、下游水边线（水面与地面交线）为直线，隔水层水平，含水层为均质岩层时（图 5 - 19），其绕坝渗漏量为：

承压水 $\qquad\qquad Q = 0.732 KMH \lg \dfrac{B}{r_0}$ $\qquad\qquad$ (5 - 14)

潜水 $\qquad\qquad Q = 0.366 K (h_1^2 - h_2^2) \lg \dfrac{B}{r_0}$ $\qquad\qquad$ (5 - 15)

式中 $\quad Q$——绕坝渗漏量，m^3/d；

$\qquad K$——渗透系数，m/d；

$\qquad M$——承压含水层厚度，m；

$\qquad H$——上、下水头差，$H = H_1 - H_2$，m；

$\qquad h_1$——上游边岸处含水层厚度，m；

$\qquad h_2$——下游边岸处含水层厚度，m；

$\qquad B$——绕渗带的宽度，m；

$\qquad r_0$——坝肩轮廓的引用半径，m。

若坝肩轮廓的周长为 b，则

$$r_0 = \frac{b}{\pi} \qquad\qquad (5 - 16)$$

B 值可按维里金公式计算，即：

$$B = \frac{L}{\pi} \qquad\qquad (5 - 17)$$

式中 $\quad L$——水库边岸至某点的距离，该点的水位在回水前等于水库设计水位。

对于承压水，L 可根据相似三角形法求得，即 [图 5 - 20 (a)]

$$\frac{S}{L} = \frac{H_S - H_2}{H_1 - H_2}$$

$$L = \frac{H_1 - H_2}{H_S - H_2} S \qquad (5\text{-}18)$$

式中 H_S——距离水库边岸为 S 的承压水位，m；

其它符号意义同前。

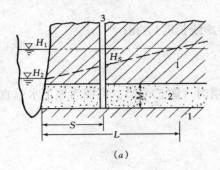 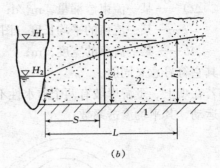

图 5-20 L 值计算剖面图

(a) 承压水；(b) 潜水

1—隔水层；2—含水层；3—钻孔

对于潜水，L 可通过断面流量相等法求得，即〔图 5-20(b)〕单宽渗漏量 q 为：

$$q = K \frac{h_S^2 - h_2^2}{2S} = K \frac{h_1^2 - h_2^2}{2L}$$

$$L = \frac{h_1^2 - h_2^2}{h_S^2 - h_2^2} S \qquad (5\text{-}19)$$

式中 h_S——距离水库边岸为 S 的含水层厚度，m；

其它符号意义同前。

如果 L、r_0 不详，将 $0.366\lg\dfrac{B}{r_0} \approx 1$，绕坝渗漏量可按下式近似计算：

承压水 $\qquad\qquad Q = 2KMH \qquad\qquad (5\text{-}20)$

潜水 $\qquad\qquad Q = K(h_1^2 - h_2^2) \qquad\qquad (5\text{-}21)$

2. 分束法

分束法又叫半椭圆法。常在复杂的水文地质条件下应用。

当坝肩外形复杂、地下水补给河水、隔水层水平、含水层为均质岩层时，先用近似方法绘制半椭圆形流线，再把水流分为若干个流束(图 5-21)，某一流束渗漏量 ΔQ：

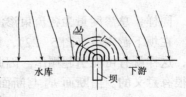

图 5-21 绕坝渗漏流线图

对于承压水

$$\Delta Q = KM\Delta b \frac{H_1 - H_2}{l} \qquad (5\text{-}22)$$

对于潜水

$$\Delta Q = K\Delta b \frac{h_1 + h_2}{2} \cdot \frac{h_1 - h_2}{l} \tag{5-23}$$

绕坝渗漏量等于各个流束渗漏量之和，即：

$$Q = \Sigma \Delta Q \tag{5-24}$$

式中　ΔQ——某一流束渗漏量，m^3/d；

　　　l——某一流束的平均长度（图 5-21 半虚线长度），m；

　　　Δb——某一流束的宽度，m；

其它符号意义同前。

若在坝上、下游岸坡有两个透水性不同的岩层时（图 5-22），可视为地下水垂直岩层界面运动，其平均渗透系数：

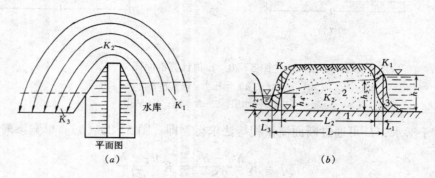

图 5-22　上、下游岸坡透水性不一时的渗漏计算图

（a）平面分带示意图；（b）剖面图

1—隔水层；2—含水层；3—弱透水层

$$K_v = \frac{L_1 + L_2 + L_3}{\dfrac{L_1}{K_1} + \dfrac{L_2}{K_2} + \dfrac{L_3}{K_3}}$$

之后，用分束法求每个流束的渗漏量，即：

$$\Delta Q = K_v \frac{h_1^2 - h_2^2}{2L}\Delta b = \frac{h_1^2 - h_2^2}{2\left(\dfrac{L_1}{K_1} + \dfrac{L_2}{K_2} + \dfrac{L_3}{K_3}\right)}\Delta b \tag{5-25}$$

同样，总渗漏量为各流束渗漏量之和，用式（5-24）求得。

在坝下游岸坡（图 5-22），如果 h_4 与 h_2 相差很大，则 L_3 段内水力坡度、水流速也大，这样就有可能引起塌岸。因此，确定 L_3 段的水力坡度，对评价下游坡岩层的稳定性是很有意义的。由断面 h_4 与断面 h_2 可列出：

$$\Delta Q = K_3 \frac{h_4^2 - h_2^2}{2L_3}\Delta b \tag{5-26}$$

式（5-25）等于式（5-26），得：

$$\frac{h_1^2 - h_2^2}{\dfrac{L_1}{K_1} + \dfrac{L_2}{K_2} + \dfrac{L_3}{K_3}} = \frac{h_4^2 - h_2^2}{\dfrac{L_3}{K_3}} \tag{5-27}$$

124

若已知 K_1、K_2、K_3、L_1、L_2、L_3 及 h_1、h_2，代入式（5-27），便可求出 h_4。L_3 段的平均水力坡度为：

$$I = \frac{h_4 - h_2}{L_3}$$

确定绕渗带总宽度时，通常使带外 $Q/\Delta b < q$（q 为建库前潜水单宽流量）；带内 $Q/\Delta b > q$。流束数目和 Δb 宽度，一般是靠近坝肩的 Δb 应选窄些，远离坝肩的选宽些。

3. 例题

右坝肩由长石砂岩组成，其渗透系数为 1.8m/d。长石砂岩被一层亚粘土所覆盖，亚粘土的渗透系数为 0.6m/d，平均厚度为 3m。上、下游的水位标高和隔水层标高见（图 5-23）。在距离水库水边线 700m 处，天然的地下水位标高等于水库设计水位标高，为 32m。计算右坝肩绕坝渗漏量。

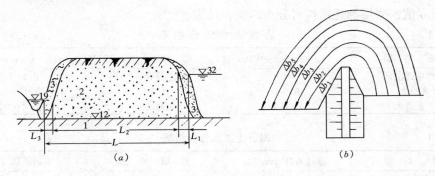

图 5-23 右坝肩绕坝渗漏图
（a）绕坝渗漏剖面图；（b）绕坝渗漏平面分带示意图
1—隔水层；2—透水层；3—覆盖层

解 把伸向右岸深处的渗透带（在该条件下等于 700m），分成宽度为 Δb 的若干流带。对于前十个流带，取 $\Delta b = 25$m，其余的 $\Delta b = 50$m。

计算第一流带的渗漏量。在第一流带中渗漏的平均途径总长度为 L，在平面上测得该长度等于 200m。

$h_1 = 32 - 12 = 20$m；$h_2 = 19 - 12 = 7$m；

$L_1 = L_3 = 3$m；$L_2 = 200 - 6 = 194$m

因

$$K_v = \frac{L_1 + L_2 + L_3}{\dfrac{L_1}{K_1} + \dfrac{L_2}{K_2} + \dfrac{L_3}{K_3}} = 1.70 \text{m/d}$$

第一流带的渗漏量，用式（5-25）得：

$$\Delta Q = K_v \frac{h_1^2 - h_2^2}{2L} \Delta b = 1.70 \frac{20^2 - 7^2}{2 \times 200} 25 = 37.3 \text{m}^3/\text{d}$$

无坡积层时第一流带的渗漏量：

$$\Delta Q = K \frac{h_1^2 - h_2^2}{2L} \Delta b = 1.8 \frac{20^2 - 7^2}{2 \times 200} \times 25 = 39.5 \text{m}^2/\text{d}$$

以上计算表明，无坡积层比有坡积层的渗漏量大。

用同样方法确定其它各流带的流量，右坝肩绕坝总渗漏量，等于各流带渗漏量的总和。

第三节　岩层渗透性指标及防渗措施概述

一、岩层渗透性指标

岩层渗透性指标，是指单位吸水量和渗透系数。这两个指标是评价水工建筑渗漏或计算其渗漏量的重要参数，也是防渗处理设计中的必要依据。

（一）单位吸水量

单位吸水量又称单位吸水率，是利用钻孔压水试验测得的，用 ω 表示。

依据 ω 值，岩层的透水性可分为六类，见表 5 - 2。

表 5 - 2　　　　　　　　　岩层透水性分类表

岩 层 类 别	ω [L/ (min·m·10^4Pa)]	岩 层 类 别	ω [L/ (min·m·10^4Pa)]
极严重透水	>10	中等透水	0.1~0.05
严重透水	10~1	微透水	0.05~0.01
较严重透水	1~0.1	极微透水	<0.01

表 5 - 3　　　　　　　　　岩、土透水性分级表

岩 层 类 别	渗透系数（m/d）	岩 层 类 别	渗透系数（m/d）
极强透水	>100	弱透水	5~0.2
强透水	100~25	微弱透水	0.2~0.02
较强透水	25~5	极弱透水	<0.02

利用 ω 值的大小，可以评价岩石的相对透水性，从而了解不同深度岩性的完整程度。

（二）渗透系数

渗透系数不仅取决于岩石的性质（如粒度、充填情况、空隙性质及发育程度等），而且和渗透液体的物理性质（容重、粘滞性等）有关。但在地下水运动中，由于水的容重、粘滞性的变化一般很小，故可忽略不计。因此，渗透系数可作为表征岩、土透水性的一个指标。

根据渗透系数 K 值的大小，可将岩、土划分为以下六级，见表 5 - 3。

岩、土体的渗透系数，常采用抽水试验直接测定。抽水试验求得的 K 值，比室内试验或经验数值（见表 5 - 4）和经验公式计算的 K 值精确，更为接近实际。

表 5 - 4　　　　　　　　　渗透系数的经验数值表

岩 石 名 称	渗透系数（m/d）	岩 石 名 称	渗透系数（m/d）
亚粘土	0.001~0.10	中　砂	5.0~20
亚砂土	0.1~0.5	粗　砂	20~50
粉　砂	0.5~1.0	砾　石	50~150
细　砂	1.0~5.0	卵　石	100~500

二、防渗措施概述

坝区和库区防渗处理的目的是减少渗漏量，降低坝基扬压力，控制其渗流坡降，防止渗流破坏。一般采用的处理措施有截水墙、帷幕灌浆、铺盖、防渗井，在岩溶地区还广为采用堵塞法、围井或隔离法等。

（一）截水墙

当坝基下透水层厚度不大时，常采用截水墙防渗。截水墙有粘土墙和混凝土墙两种形式：粘土截水墙多用于土、石坝地基，将透水层截断与心墙或斜墙相联结（图5-24）；混凝土截水墙多用于混凝土重力坝地基，将强透水层截断直接嵌入到相对隔水层中（图5-25）。

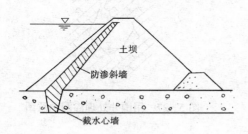

图5-24　粘土截水墙示意图

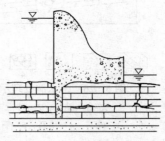

图5-25　混凝土截水墙示意图

（二）帷幕灌浆

帷幕灌浆是减少坝基渗漏、降低扬压力的主要和有效方法。防渗指标多采用单位吸水量值来表示，见表5-5。

防渗帷幕大都采用水泥浆灌注。但水泥浆也有一定的使用条件，当坝基岩石的裂隙宽度小于0.15mm，或地下水流速超过120m/d时，不能采用水泥灌浆。若地下水化学成分对水泥具有侵蚀性时，也不能采用普通水泥灌注。

（三）铺盖法

当透水层厚度较大，用截水墙防渗比较困难，且又无条件进行帷幕灌浆时，常采用铺盖法防渗。一般在坝上游或水库的渗漏部位，填筑粘土铺盖或混凝土盖板，将漏水地段铺盖起来。

库区采用粘土铺盖防渗时，铺盖层的厚度一般可取水头的十分之一，但最薄不

表5-5　坝基坝肩防渗控制标准

岩体分类	水头 (m)	单位吸水量 ω [L/ (min·m·10^4Pa)]
抗水岩体	>70	0.01~0.03
	<70	0.03~0.05
非抗水岩体	>70	0.01
	<70	0.03

小于1m，最大厚度通常也不超过5m。另外，为了有效地控制渗流，保证渗透稳定，必须在下游设置排水减压措施。

（四）防渗井

防渗井是处理断层破碎带渗漏常用的方法。该方法就是将断层破碎带清除干净，然后回填混凝土即可。

（五）堵塞法

堵塞法是岩溶地区处理集中渗漏通道（如落水洞、漏井、地下暗河等）的有效方法。该方法是将渗漏通道的进口处，或通道的咽喉部位堵塞（图 5-26），使库水不流向库外。

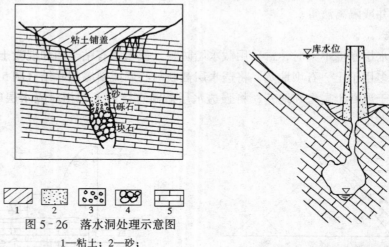

图 5-26　落水洞处理示意图

1—粘土；2—砂；

3—砾石；4—块石；5—石灰岩

图 5-27　用围井处理渗漏示意图

（六）围井或隔离法

如果堵塞法无效时（集中渗漏通道堵塞后，又被气、水冲开），可修筑围井将其围起来，使库水无法渗向库外（图 5-27）。

当水库内有落水洞集中分布区，或溶洞较多、分布范围较大时，可采用隔离法。用隔堤把渗漏地带与水库隔开（图 5-28）。

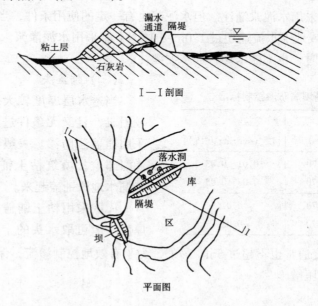

图 5-28　用隔离法处理渗漏示意图

复习思考题

1．水库渗漏必须具备哪些地质条件？

2．如何根据地下水分水岭与水库正常蓄水位的关系来分析水库渗漏问题？

3．常见的库区渗漏量计算公式有哪几种？

4．库岸地带由石灰岩组成，其渗透系数 $K=35\text{m/d}$，隔水层水平，其标高为 62m，库水位高程 86.5m，邻谷水位高程 74.0m，其间相距 4800m。计算库水从 7000m 长的库岸渗向邻谷的渗漏量。

5．比较纵谷和横谷的渗漏条件有什么不同？

6．常见的坝基渗漏量计算公式有哪几种？

7．何谓绕坝渗漏？如何计算绕坝渗漏量？

8．当上、下游有透水性较小的坡积层覆盖时，绕坝渗漏量是加大还是减少？为什么？

9．坝基由砂岩组成，其渗透系数 $K=3.6\text{m/d}$，含水层厚 81m，坝长 $B=150\text{m}$，坝底宽 $2a=36\text{m}$，上游水头 $H_1=5.5\text{m}$，下游水头 $H_2=0.5\text{m}$，求平底坝下的渗漏量。

10．岩层渗透性指标有几个？如何确定坝基、坝肩防渗控制标准？

11．防渗措施的主要方法有哪些？

第六章 岩体稳定的工程地质分析

在二十世纪以前，由于生产规模和科学水平的限制，人们对于在岩石地基上修建建筑物，只注意研究岩石的软硬以区别场地的好坏，很少怀疑其稳定性。近百年来，随着生产和科学技术的发展，修建在岩基上的建筑物日益增多，规模也愈来愈大，对岩基提出了严格的要求。由于圣·弗兰西斯坝（St.Francis）、马尔帕赛拱坝和瓦依昂水库出现了灾难性事故，使人们认识到，岩石地基的好坏，不仅取决于岩石本身的强度，而且还和岩石的完整性、地下水的作用等多种因素有关。因此，从五十年代起就提出了岩体的概念。

一般把在一定工程范围内的自然地质体称为岩体。岩体按其工程荷载特征，可分为地基、边坡及地下洞室围岩三种类型。

岩体和岩石的概念是不同的。岩石可以理解为是一种材料，其性质可用岩块的变形与强度特征表征。岩体则是由各种岩石组成的，并且在其发展过程中经受了构造变动、风化作用及卸荷作用等各种内外力地质作用的破坏与改造。因此，岩体经常被层面、节理、断层等各种地质界面所切割（通常称这些地质界面为结构面），使其成为一种多裂隙的不连续介质。

岩体中的结构面是力学强度相对薄弱的部位，它导致岩体力学性能的不连续性、不均一性和各向异性。它对岩体的变形与破坏有重要的影响。

影响岩体稳定的因素，有地形地貌条件、岩性、地质构造、岩体的结构特征、地应力、地下水的作用等地质因素以及建筑物的规模、类型和施工方法等工程因素。在多数情况下，岩体的结构特征往往成为控制性的因素。

第一节 岩体的结构特征

岩体是由结构面和结构体两部分组成的（图 6-1）。所谓结构面，是指在岩体内具有一定方向、延展较广、厚度较薄的两维地质界面。它包括物质分异面（如层面、沉积间断面等）、破裂面（如节理、劈理、断层等）和厚度较薄的软弱夹层等。

结构面在空间按不同的组合，可将岩体切割成不同形状和大小的块体，这些被结构面所围限的块体称为结构体。

岩体的结构特征，就是指岩体中结构面和结构体的形状、规模、性质及其组合关系的特征。

一、结构面的成因类型

结构面的成因不同，其形态和性质亦不同。按成因，结构面有原生的、构造的和次生的三种类型。

（一）原生结构面

在成岩阶段形成的结构面，称为原生结构面。其主要类型有：

1．沉积结构面

在沉积岩成岩过程中形成的结构面有层理、层面、沉积间断面及原生软弱夹层等。

一般层面平整、分布广泛。层间结合好的层面抗剪强度不一定很低，但在后期的构造作用或风化作用下会降低其强度。

沉积间断面包括假整合面和不整合面。这些面一般起伏不平并有古风化残积物，常构成一个形态多变的软弱带。

原生软弱夹层的强度低、遇水易软化，其类型和特征可见软弱夹层部分。

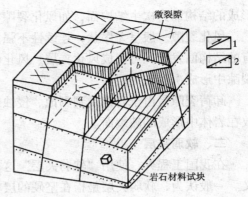

图 6-1　岩体结构示意图
1—剪切节理；2—层面；
a—方块状结构体；b—三棱柱状结构体

2．火成结构面

岩浆侵入、喷溢及冷凝过程中形成的结构面，包括流层、冷凝节理、侵入体与围岩的接触面及岩浆间歇喷溢所形成的软弱接触面等。

火成结构面的性质极不均一。一般流层不易剥开，但一经风化便形成了易于剥离和脱落的软弱面。侵入体与围岩的接触面，有时熔合的很好，有时则形成破碎带或软弱蚀变带。冷凝节理一般多具张性破裂面的特征，对岩体稳定和渗漏有重要的影响。

3．变质结构面

包括变质岩中的片麻理、片理及板理等。在变质岩中所夹的薄层云母片岩、绿泥石片岩及滑石片岩等，常构成相对的软弱夹层。

（二）构造结构面

在构造应力作用下，于岩体中形成的破裂面或破碎带称为构造结构面，包括节理、劈理、断层及层间错动带等。

劈理和节理是规模较小的构造结构面，其特点是比较密集并多呈定向排列。

断层规模较大，常形成断层泥、糜棱岩及构造片状岩等各种软弱的构造岩。因此，它是最不利的较弱结构面之一。

层间错动带又称层间剪切带，它是当岩层屈曲时，在层间力偶作用下产生层间剪切滑移造成的。自然界中，它多发生在软硬互层的层状岩体中，有界面型、层内型及全层破坏三种类型。发育完善者，均有一至数个主滑面，在主滑面的软岩一侧发育有密集的破劈理（图6-2）。我国很多平缓层状岩体坝基中发育的泥化夹层（如葛洲坝、朱庄、大藤峡等）多属此种类型。

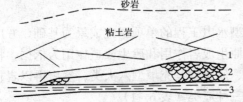

图 6-2　某工程层间剪切带示意图
1—节理带；2—劈理带；3—泥化错动带

（三）次生结构面

经风化、卸荷及地下水的作用等在岩体中

形成的结构面为次生结构面，如风化裂隙、卸荷裂隙及次生充填夹泥等。

风化裂隙一般呈无序状，连续性不强并多为碎屑或泥质物所充填。风化裂隙还常沿原有的结构面发育，可形成风化夹层、风化沟槽或风化囊等。经地下水的淋滤沉淀，还可在裂隙中形成次生夹泥层。

卸荷裂隙是由于岩体受到剥蚀、侵蚀或人工开挖，引起垂直方向卸荷和水平应力的释放在岩体中形成的破裂面。

二、软弱夹层

在我国工程界，使用"软弱夹层"这一术语虽然由来已久，但至今尚无公认的确切定义。一般认为，软弱夹层是指在坚硬的层状岩层中夹有强度低、泥质或炭质含量高、遇水易软化、延伸较广和厚度较薄的软弱岩层。上述含义，将软弱夹层限定在层状或似层状岩体中。也有人将一切产状平缓（倾角小于 30°）的软弱薄层状地质体均划归软弱夹层的范畴，并命名为含软弱层（带）的岩体，它包括块状岩体中的缓倾角断层及破碎带。

通过对大量工程实际资料的统计分析表明，软弱夹层自身的强度与夹持它的上下岩层相比较，均低于一定的界限，其值大致如下：

摩擦系数　　　　　　　　$f \leqslant 0.5$

饱和抗压强度　　　　　　$R_b \leqslant 10 \text{MPa}$

变形模量　　　　　　　　$E \leqslant 1000 \text{MPa}$

或：

摩擦系数　　　　　　　　$f \leqslant 0.5$

$$\frac{R_b}{R'_b} \quad \text{或} \quad \frac{E}{E'} < 1/5 \sim 1/50$$

式中　R_b、E 为夹层的饱和抗压强度和变形模量，R'_b、E' 为相邻坚硬岩层的饱和抗压强度及变形模量。

（一）软弱夹层的成因与分类

软弱夹层的成因和结构面的成因一样，也有原生型、构造型和次生型三类。

关于软弱夹层的分类，目前尚无统一的划分标准。有的根据成因划分，有的着重于形态，有的则根据岩性组合划分。

根据软弱夹层的形态，常见的类型有破碎夹层、破碎夹泥层、片状破碎层、鳞片状劈理型、片状劈理型及泥化夹层等。

根据岩性划分的有粘土岩夹层、粘土质粉砂岩夹层、炭质夹层、凝灰岩夹层、风化泥灰岩夹层以及各类软弱片岩夹层等。

长江流域规划办公室等单位以我国二十个大型水电工程的单项研究成果为基础，并广泛参考了其它具有软弱夹层坝基的勘察资料，以原生成岩作用和后生改造作用为依据，将软弱夹层分为沉积型、火成型、变质型、构造型、风化型及充填型六大类，然后再以岩相建造和改造的次一级地质类型为依据，划分成十三种亚类（表 6-1）。

（二）软弱夹层的特性

由于软弱夹层强度低、易变形，常给工程建设带来很多困难和危害。据统计，我国已有近百座坝基中含软弱夹层。由于软弱夹层而改变设计、降低坝高、增加工程量或在后期加固的有30余座。近年来，为此而使工程停工、改变坝址或限制水库蓄水的情况仍有发生。

表 6-1 软弱夹层的成因及分类

类 型	亚 类		地 质 特 征	典 型 工 程
沉积型	1	河湖相沉积的软弱层	粘土岩、粘土质粉砂岩、粉砂质粘土岩及炭质细砂岩等。薄至中厚层或呈透镜状，软弱，强度低	葛洲坝、盐锅峡、四川红层若干工程
	2	潮汐相碎屑岩沉积的软弱层	泥质粉砂岩、粘土岩。相变大、层次多、厚度薄、连续性差	大藤峡
	3	浅海相碎屑岩沉积的软弱层	泥质粉砂岩、粉砂质粘土岩及页岩等。层状连续分布	小浪底、朱庄、潘家口、宝珠寺、双牌
	4	浅海相碳酸盐沉积的软弱层	泥质、砂质、炭质页岩，泥灰岩，瘤状灰岩，泥质白云岩等。强度较高	彭水、隔河岩
火成型		火山喷发沉积的软弱层	陆相火山碎屑岩软弱夹层为凝灰岩、脱玻珍珠岩，连续分布，厚度变化大，成岩程度较好。玄武岩喷发间歇期沉积的火山碎屑砂泥质软弱物质，成岩程度差	铜街子、恒仁、亭下
变质型	1	区域浅变质碎屑岩中的软弱层	砂质页岩、粉砂岩、泥板岩。前者成岩程度好，板岩易风化	五强溪、凤滩、上犹江、万安
	2	区域深变质岩中的软弱层	副变质岩中的云母片岩、绿泥石片岩、滑石片岩、石墨片岩等。片理发育，强度低	佛子岭
	3	岩脉侵入接触变质的软弱层	岩脉侵入围岩蚀变接触带，蚀变粘土及碎屑，厚度变化大	青山、岩滩
构造型	1	层间错动软弱夹层	一般多沿层间接触面产生剪切滑动，亦有的在软层内部发生。分布连续，一般可分成泥化带、劈理带、节理带几个带，性能差，强度低	葛洲坝、大藤峡、桓仁、五强溪、上犹江、小浪底、宝珠寺、彭水、隔河岩、万安、铜街子、朱庄
	2	断裂错动的软弱带	缓倾角断裂带，一般以压扭性为主，次为张扭性	龙羊峡、红岩、大化、三峡、丹江口、李家峡、安康、潘家口
风化型	1	风化溶滤软弱层	含易风化矿物的母岩，受风化、溶滤作用而成	万安、桓仁
	2	脉状风化软弱带	如方解石脉、方解石—绿泥石脉的带状风化	岩滩、青山
充填型	1	断裂、卸荷裂隙充填的软弱带	在河谷卸荷范围内，平缓的裂隙、断层，经地下水携带沉积形成的充填夹泥	龙羊峡（白泥）、峡口、雅溪
	2	溶隙充填夹泥	在碳酸盐类岩石分布地区，沿溶蚀缝隙充填的夹泥	彭水、隔河岩

软弱夹层的物理力学性质与夹层的物质组成、颗粒大小、含水量及起伏程度等多种因素有关。

由粘土岩、碳质条带、斑脱岩、石膏层及疏松泥灰岩等构成的软弱夹层，易于风化、浸水崩解，其单轴抗压强度通常小于15MPa，摩擦系数峰值为0.40～0.60，变形模量小于2×10^3MPa。

由粒径大于2mm的碎屑组成的碎块夹层，摩擦系数为0.45～0.58，变形模量约$2 \times 10^2 \sim 2 \times 10^3$MPa。

以0.5～2mm细碎屑为主的碎屑夹层，摩擦系数多为0.30～0.45，变形模量只有50～200MPa。

泥化夹层的性质是最差的，其特点是结构松散、密度小、含水量大、粘粒含量高（一般>30%）。其摩擦系数只有0.15～0.30，其中出现频率最高的是0.20左右。变形模量一般小于50MPa。泥化夹层的流变特性最显著。

三、结构体的特征

尽管在岩体稳定分析中，结构面经常起控制性的作用，但是结构体的作用也是不能忽视的。工程实践表明，单个结构面有时不一定对岩体稳定构成威胁，只有几组结构面组合起来形成一定形状的结构体时，才能形成危险。不同形状、不同产状的结构体对岩体稳定的影响是不同的。一般板状、柱状结构体的稳定性比块状结构体差。锥形、楔形结构体当具有临空条件时稳定性很差。此外，结构体与受力方向之间的关系、埋藏与临空条件等均对岩体稳定有重要的影响。

自然界中结构体的形状是非常复杂的，它们的基本形状有块状、柱状、板状、菱形、楔形及锥形等六种（图6-3）。有时，由于岩体强烈变形和破坏，也可形成片状、碎屑状及碎块状等形状。

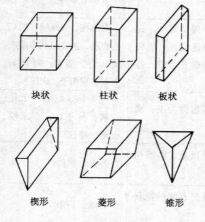

块状　　柱状　　板状

楔形　　菱形　　锥形

图6-3　结构体的基本形状

四、岩体结构类型

为概括岩体的变形破坏机理及评价岩体稳定性的需要，可以根据节理化的程度，将岩体划分成整体、块状、层状、碎裂及散体五种基本结构类型（图6-4及表6-2）。

在划分岩体结构类型时，除考虑结构体的形状、大小及结构面的类型外，还要考虑结构体的几何尺寸与工程规模的关系及岩体力学介质的类型。因为，同样节理化的岩体，因工程规模不同，其稳定性是不一样的。如图6-5所示，边坡与结构体相比，二者的尺寸相差数十倍以上，应划为块状结构类型；对于地下洞室a，围岩亦属块状结构类型，如结构面性质较差时，洞顶将产生掉块坍塌；对于地下洞室b，由于其尺寸小于结构体尺寸，可视为完整结构类型。

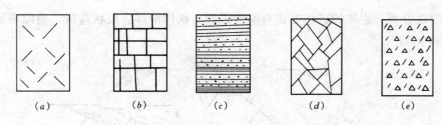

图 6-4 岩体结构类型示意图

(a) 整体结构；(b) 块状结构；(c) 层状结构；(d) 碎裂结构；(e) 散体结构

表 6-2 岩体结构基本类型的划分

类型	结构面间距 (m)	结构面组数	地 质 特 征	工程地质特征	结构体几何尺寸与工程规模的关系
完整结构	>1	1~2	岩浆岩、变质岩及厚层沉积岩，构造变动轻微	岩体完整，可视为均质弹性体。岩体的力学性质主要取决于岩性，透水性微弱	大于工程尺寸，或虽小但组合紧密
块状结构	0.5~1	2~3	各类成因岩石，节理发育将岩石切成块状	岩体的力学性质受岩性及完整性控制。弱至中等透水	工程尺寸大于结构体尺寸几十至几百倍
层状结构	<0.5	主要为一组	层厚<0.5m 的层状或薄层状沉积岩、变质岩	岩体的性质取决于岩性、岩石组合、层厚及岩间粘结程度。岩层产状对岩体稳定有重要影响	一组弱面发育，将岩体切割成板、片状
碎裂结构	<0.5	>3	发育在节理密集带、断裂交汇带及强烈褶皱区	除某些具镶嵌结构者外，岩体强度低、易变形、地下水的不良作用显著	划分岩体结构类型时，不考虑工程尺寸
散体结构		杂乱无序	剧烈风化带及断层破碎带内的土石体	松散、强度低、塑性变形明显，地下水的不良作用突出	颗粒尺寸小

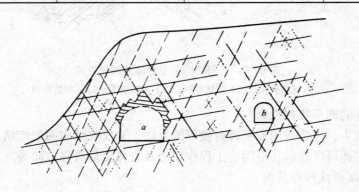

图 6-5 工程规模与岩体结构类型的关系

　　岩体的结构特征，不仅控制了岩体的变形、破坏及应力传播等岩体力学作用，也控制了地下水赋存、渗流等规律。一般当岩体结构类型不同时，其破坏失稳的方式也不同（图

6-6)。从宏观分析，岩体的破坏方式有脆性破裂、块体滑移、层状弯折、追踪破裂及塑性流动等几种类型。

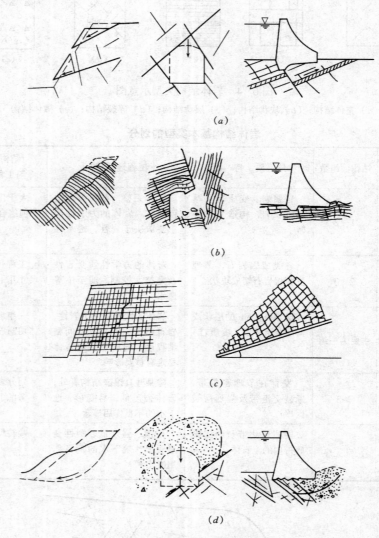

图 6-6 不同结构类型岩体的破坏方式
(a) 脆性破裂；(b) 层状弯折；(c) 追踪破裂；(d) 塑性流动

五、结构面的赤平极射投影

在工程实践中，经常采用赤平极射投影的方法，来反映结构面的产状、角距及其组合关系。同时，它还可以表示临空面、工程作用力及岩体变形滑移方向等。

(一) 赤平极射投影的原理

赤平极射投影亦简称为赤平投影。它是利用一个球体作投影工具，通过球心作一赤道平面，将球面上的任一点、线、面，以南极或北极为发射点投影到赤道平面上来的一种作图方法。下面介绍一下以南极为发射点，上半球上点、线、面的赤平投影原理。

1. 点的投影

136

以南极为发射点，犹如自南极仰观上半球物体，视线与赤平面的交点即为投影点，如图6-7(a)中的 M 点，即为球面上 P 点的赤平投影。若 P 点在球面上绕南北轴旋转一周，它的投影点 M 也绕 O 点旋转一周。

2．线的投影

如图6-7(b)中的 OB 为通过球心的直线，它与赤平面的交角为 α。OB 线的赤平投影为 OM。从图中可以看出，MO 的方向与 OB 线的倾伏向一致，MO 线段的长度随 OB 线的倾伏角 α 的大小而变化，α 角愈大，MO 线愈短；反之，愈长。当 α＝90°，OB 线直立时其投影即为 O 点；当 α＝0°时，MO＝OW，因此，赤道大圆的半径可以表示空间线段的倾伏角。

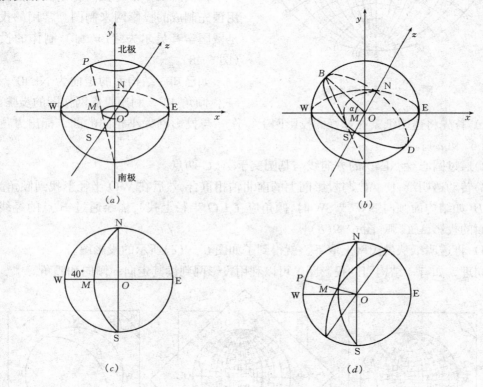

图6-7　上半球点、线、面的赤平投影
(a) 点的赤平投影；(b) 线的赤平投影；(c) 单一倾斜面的赤平投影；
(d) 两个倾斜面相交的赤平投影

3．面的投影

如图6-7(b)中的 NBSD 为一通过球心的倾斜平面，它与球面的交线为一大圆。自南极仰观上半球 NBS 面，其赤平投影为 NMS。NMS 为一圆弧，若将赤平面从球体中拿出，即如图6-7(c)所示。从图可知：

1）弧弦 NS 方向代表该面的走向；

2）弧顶 M 的反方向，即 MO 的指向代表该面的倾向；

3）MO 线的长短可以反映该面的倾角，倾角的刻度标在东西半径上（图6-8）。

137

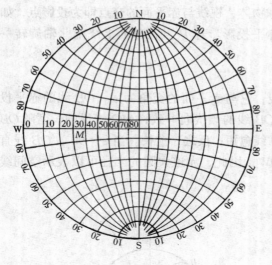

图 6-8 吴氏投影网

若有两个在空间相交的平面,其投影如图 6-7(d)所示,图中 MO 为两倾斜平面交线的投影。

(二)赤平投影的制图方法及阅读

从上述可知,利用赤平投影可以把空间线段或平面的产状化为平面来反映。并且,可以在图上简便地确定它们之间的夹角、交线产状及组合关系。

在实际工作中,为简化制图方法,常采用预先制成的投影网来制图。常用的投影网是俄国学者吴尔夫(Вулф)制作的投影网(图 6-8)。

如已知一结构面的走向为 NE40°,倾向 SE,倾角 40°,利用投影网作图的步骤如下:

1)首先将透明纸蒙在选好的投影网上,作一与投影网大小相同的圆,标出方位角分度[图 6-9(a)]。

2)通过圆心绘 NE40°的方向线与基圆交于 A、C 两点。

3)转动透明纸,使 AC 与投影网上的南北轴相重合,然后在 WO 半径上找到倾角为 40°的点 B(如结构面倾向 NW 或 SW 时,倾角应在 EO 半径上找),描绘通过 B 点的经线即得结构面的投影 ABC 弧[图 6-9(b)]。

4)将透明纸从吴氏网上取下,就得到了如图 6-9(c)所示的投影图。

同理,如有一结构面的投影图,可以利用投影网判读其走向、倾向和倾角。

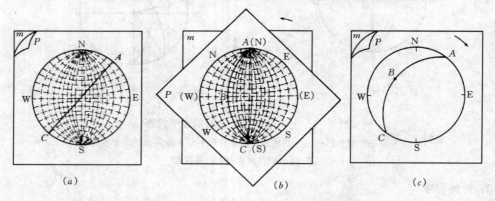

图 6-9　利用吴氏网进行面的赤平投影
(a)结构面走向;(b)结构面倾角及倾向;(c)结构面的赤平投影

第二节　坝基稳定的工程地质分析

坝基岩体的稳定性,一般有沉陷变形、抗滑稳定和渗透稳定等几个方面的问题。它除受地质因素制约外，还与坝型、坝高等工程因素有关。

混凝土坝对地基的要求比土石坝高，其中重力坝对地基的要求最严格。

通常，坝基产生小量的均匀沉陷变形，对坝体稳定没有显著的影响。当坝基产生不均匀沉陷时，则会使坝体产生裂缝或破坏。拱坝对两岸岩体的过大变形或不均一变形极为敏感，因此，它对两岸拱座岩体的质量要求较高。导致产生不均匀沉陷的地质条件主要有：坝基或坝肩岩体软硬不一、弹性模量相差悬殊；岩体中存在有较大的断层破碎带、节理密集带、卸荷裂隙带、较厚的软弱夹层或全强风化带等；岩体中存在有溶蚀洞穴，由于塌陷产生的不均一变形等。

坝基过高的扬压力，以及渗流对坝基岩石产生的化学潜蚀、机械潜蚀等破坏作用，也是大坝失稳的重要原因之一。

坝基或坝肩岩体的滑动破坏，是混凝土坝最主要的可能破坏型式。坝基抗滑稳定是重力坝设计中的重要问题，下面将重点讨论这一问题。

一、坝基岩体滑动破坏的类型

由于坝基岩体岩性和结构特征不同，其滑动破坏基本上有三种类型，即表层滑动、浅层滑动和深层滑动。有时还出现上述几种类型的混合型滑动破坏（图6-10）。

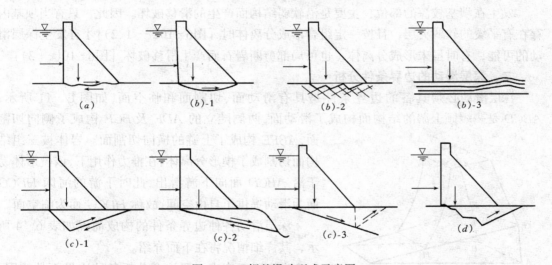

图 6·10　坝基滑动型式示意图
（a）表层滑动；（b）浅层滑动；（c）深层滑动；（d）混合型滑动

1．表层滑动

为坝体沿坝底与基岩接触面的滑动。当坝基岩体坚硬完整，其抗剪强度高于混凝土时，接触面的抗剪强度才成为重力坝设计的控制性指标。

一般产生表层滑动的情况是罕见的。但是，混凝土与基岩接触面的抗剪强度，是影响重力坝工程量的重要因素。根据我国的坝工建设经验，混凝土与岩石间的摩擦系数经验值见表6-3。

2．浅层滑动

当坝基表层岩体的抗剪强度低于坝体混凝土时，剪切滑移破坏可以在表层岩体内产生。造成这种情况的条件有：表层岩石软弱[图6-10(b-1)]；表层岩石破碎,清基不彻底[图6-10(b-2)]；产状近水平的薄层状坝基[图6-10(b-3)]。

表6-3　　　　　　　　　　　　　混凝土与岩石间摩擦系数经验值

坝　基　岩　石　特　征	摩擦系数（f）
新鲜、均质、极坚硬的岩石，裂隙不发育，$R_b \geqslant 100MPa$，$E \geqslant 2 \times 10^4 MPa$，坝基经过良好处理的	$0.65 \sim 0.75$
新鲜或微风化的坚硬岩石，弱裂隙性，$R_b \geqslant 60MPa$，$E \geqslant 1 \times 10^4 MPa$，坝基经过处理	$0.55 \sim 0.70$
新鲜或微风化的中等坚硬岩石，弱至中等裂隙性，$R_b \geqslant 20MPa$，$E \geqslant 5 \times 10^3 MPa$，坝基经过处理	$0.50 \sim 0.60$
软弱的岩石，如泥灰岩、泥质板岩、粘土岩及粘土质页岩等，$R_b < 20MPa$	$0.30 \sim 0.50$

一般大型重力坝对地基处理比较严格，不存在浅层滑动问题。而有些中、小型工程，由于清基不彻底，可能造成浅层滑动破坏。校核浅层滑动时，其抗剪参数要采用软弱或破碎岩体的摩擦系数（f）和粘聚力（c）值。由于滑动面埋藏浅，其上覆岩层重量和滑移体周围的切割条件可不考虑。

3．深层滑动

发生在坝基较深的部位，主要是沿软弱结构面产生的滑移破坏。因此，只有当坝基内存在有平缓的软弱夹层，且按一定组合形成分离体时［图6-10(c-1、2)]才有发生深层滑动的可能，有时虽未形成分离体，也可局部剪断岩石而产生滑移破坏［图6-10(c-3)]。

二、深层滑动的边界条件分析

深层滑动必须具备的边界条件是具有滑动面、切割面和临空面，如图6-11所示，ABCD是一缓倾上游的结构面构成了滑动面，两侧陡立的ADE及BCF构成了侧向切割面，ABFE构成了上游的横向切割面。岩体被三组结构面切割成了楔形分离体，在推力作用下，该楔形体易于沿ABCD面向下游滑出，此时下游的河床HDCG面为滑动提供了自由空间，故称HDCG面为临空面。

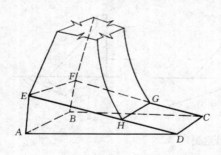

图6-11　坝基深层滑动边界
条件示意图

深层滑动各种边界条件的构成简况如表6-4所示，其详细情况将在下面介绍。

在实际工作中，要注意分析各种边界面的成因、产状、组合关系、物质组成及其物理力学性质。

（一）切割面

切割面通常是由陡倾的断层或节理构成的。其中平行河流方向的称为纵向（或侧向）切割面，垂直河流靠近坝踵的称为横向切割面。

表6-4　　　　　　　　　　　　　坝基深层滑动边界条件的构成

边界面类型	作　　　　用	构　成　条　件
滑　移　面	滑移体与下伏岩体的分离面，是深层滑动的控制性条件	平缓的软弱结构面，特别是分布范围广、埋藏较浅、倾角小于30°的泥化夹层

边界面类型	作　用	构　成　条　件
切　割　面	滑移体的侧向及上游的横向分离界面	多为顺河及横河向的陡倾断层或节理
临　空　面	使岩体具备滑动的自由空间	坝下游的河床、深潭、冲刷坑及厂房的基坑等

切割面的延伸长度、切割深度、充填胶结情况及其力学性质，直接影响侧向阻滑力的大小。

侧向切割面不发育、或延伸不长、或与滑动方向有一定的交角，则侧向阻滑作用相当明显。如陕西石门拱坝抗滑稳定计算中，考虑了侧向切割面的阻滑作用，对减少坝体工程量起了一定的作用。当滑动面向一岸倾斜时，侧向切割面的阻滑作用更为明显，云峰水电站即属此种情况。

(二) 临空面

临空面系指滑动体向下游滑动时，不受阻力的自由空间或阻力很小的软弱层带。通常有下列三种情况：

1. 下游河床

由缓倾上游软弱结构面构成的深层滑动，下游河床即构成了临空面。如上犹江水电站，坝基为泥盆系石英砂岩、砾岩、夹厚度不等分布不均的薄层板岩。岩层倾向上游偏右岸，倾角 $25° \sim 30°$，顺河方向视倾角只有 $14°$ [图 6-12(a)]。施工后发现板岩夹层已泥化，在丙坝块坝踵处理深 $7 \sim 13m$，在坝趾附近出露于河床。泥化夹层的抗剪强度甚低，

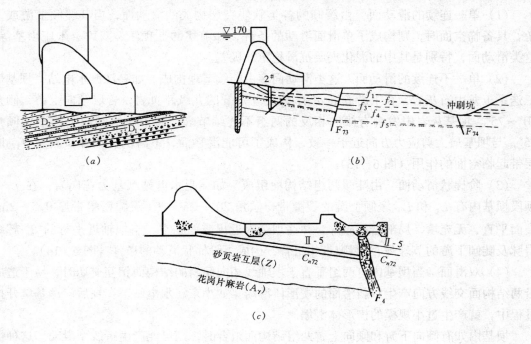

图 6-12　临空面的类型

(a) 下游河床；(b) 冲刷坑；(c) F_4 断层

141

$f = 0.24 \sim 0.30$，$c = 0.03\text{MPa}$，经计算不能满足稳定要求，后来将浅部的泥化夹层挖除回填混凝土，才达到了稳定要求。

2. 下游河床负地形

当滑动面向下游倾斜时，挑流冲刷坑、河床中的深潭深槽、坝后厂房或其它建筑物的基坑等均能构成陡立的临空面。如双牌水电站[图 6‑12(b)]，坝基为砂岩板岩互层，夹 $f_1 \sim f_5$ 五个破碎夹层，岩层倾向下游偏左岸，倾角 7°～20°。在坝下游 86～90m 处，冲刷坑（最大深度达 20.16m）切断了 $f_1 \sim f_4$ 四个破碎夹层。

3. 潜在临空面

当滑动面倾向下游，下游河床虽无负地形，但有陡倾的断层或软弱岩层时，由于它可以产生较大的压缩变形，因此阻滑作用很小起到了临空面的作用，称为潜在临空面。如朱庄水库坝基为震旦系石英砂岩夹薄层泥质粉砂岩和页岩，岩层倾向下游偏右岸，倾角 6°～8°。因层间错动形成了多层泥化夹层，其中以 Ⅱ‑5 和 C_{n72} 夹层的强度最低，f 值分别为 0.29 和 0.22。坝下游斜切河床有一 F_4 断层，破碎带宽 8～10m，性质软弱，动弹模只有 500MPa。由于 F_4 断层带可以产生大的压缩变形，可按临空面对待[图 6‑12(c)]。经计算坝基抗滑稳定不能满足规范的要求，故采取了降低坝高和加宽坝体的措施。

（三）滑动面

1. 滑动面的类型

滑动面通常是由各种缓倾的软弱夹层、节理或断层破碎带构成的。按形态特征划分，滑动面有单一连续的、单一不连续的、阶梯状的及双滑面几种类型。

（1）单一连续的滑动面　由缓倾的各类软弱夹层构成的滑动面，当其缓倾上游或下游，具备临空面时，则构成了单滑面滑动的条件，如前述的上犹江、双牌、朱庄坝基等。这类滑动面，特别是其中的泥化夹层抗滑稳定性极差。

（2）单一不连续的滑动面　这类滑动面多由断续节理构成。如乌江渡水电站，坝基为三迭系玉龙山石灰岩，在下游 55m 处有厚 45～79m 的九级滩页岩，岩层倾向上游，倾角 50°～75°。坝基灰岩中发育有倾向相反的两组不连续节理，其中一组倾向下游平均倾角 25°，与坝基最大剪应力方向近于一致，构成了可能滑移面，下游的九级滩页岩及 f_{129} 断层带起临空面的作用（图 6‑13）。

（3）阶梯状滑动面　由陡缓两组结构面组成。如龚咀水电站坝基为花岗岩，在 7～9 坝段坝基内有 L_6 和 L_{16} 缓倾上游的裂隙带，倾角 20°～25°。L_6 裂隙密集带厚 0.5～2m，裂面平直、无充填，局部岩石破碎，并在坝趾附近出露而临空。与坝轴近平行的 β_u^3 辉绿岩脉及陡倾下游的节理与 L_6 裂隙带相组合，构成了阶梯状滑动的条件（图 6‑14）。

（4）双滑面　当坝基内有两组垂直于坝轴线相向倾斜的结构面相互交切时，易于造成沿两结构面交线方向产生双斜滑面的楔形体滑动。如小东江水电站，在坝后厂房基坑开挖过程中，就产生过小规模的楔形体滑塌。

坝基内如有倾向下游和倾向上游两组结构面组合时，则可能产生折线型滑动。这种情况比较复杂，需要分析两滑动面在坝基的相对位置及其比例关系。最简单的情况如图 6‑15 所示，这时，可用主动区与被动区相平衡的理论来研究。

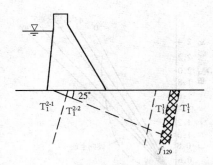

图 6-13 乌江渡河床坝基纵剖面示意图

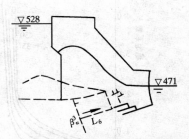

图 6-14 龚咀 8 坝段坝基岩体结构示意图

在图 6-15 中，如不存在向上游倾斜的 BC 面，坝基若沿 AB 面滑动，因无临空条件，必须要剪断下游一部分岩体才能滑出。此时，就造成了与上述双滑面相似的情况。上游的 ABD 块作为主动滑块向下推，下游的 BCD 块则起阻滑作用，BC 面成为被动滑动面。在工程上，称 BCD 块为抗力体。

2. 滑动面产状对抗滑稳定的影响

滑动面的产状及埋深，对坝基和坝肩岩体的稳定性有重要的影响。

当滑动面走向与河流相平行时，一般只对同向坡的坝肩岩体稳定性有影响。

当滑动面走向与坝轴线平行时，倾向下游的比倾向上游的危险。滑动面的倾角一般愈小愈不利，当倾角大

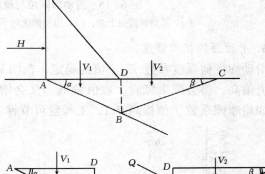

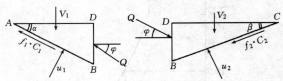

图 6-15 坝基深部滑动受力条件分析图

于一定值后，对抗滑稳定已不能构成威胁。因此，坝基中的陡倾结构面一般不能成为滑动面。图 6-16 分析了上述情况[1]。其中[图 6-16(a)]是滑动面倾向上游时，滑动面倾角 α 与坝基抗滑稳定系数 K_c 的关系曲线。它清楚地表明，随倾角 α 增大稳定性系数逐渐增加，当倾角超过 25°后，K_c 值急剧增加，表明此时的软弱面已不能成为滑移控制面。[图 6-16(b)]是滑动面倾向下游时，滑动面倾角 α 与稳定性系数 K_c 的关系曲线，二者的线性关系非常明显。该图还表明，滑动面倾向下游与倾向上游有一共稳点，其倾角大致为 25°左右。

滑动面的埋藏深度，对抗滑稳定也有重要影响。一般埋深愈大，稳定性愈好。例如，葛洲坝二江泄水闸基下有多层 $f=0.2\sim0.3$ 的平缓软弱夹层。计算表明，$f=0.2$ 的夹层只要出现在 18.7m 高程以下 （图 6-17），对抗滑稳定就没有影响。在此高程以上的夹层，则必须进行处理。

● 孙万和、周创兵，《坝基岩体分类与质量评价》全国第三次工程地质大会论文选集，1989。

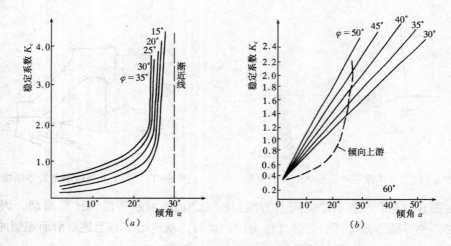

图 6‑16　滑动面倾角与稳定性系数关系曲线

（a）滑动面倾向上游；（b）滑动面倾向下游（考虑抗力体的抗剪断强度）

3. 滑动面的抗剪强度

滑动面抗剪强度参数 f、c 值的确定，在坝基抗滑稳定性计算中的作用至关重要。如果取值偏高，将会带来风险。取值偏低，又会增加工程量偏于安全。一般的混凝土重力坝，如将摩擦系数 f 值提高 0.1，工程量可节省 10%～15%。

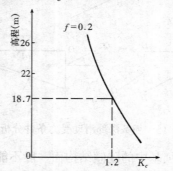

图 6‑17　软弱结构面分布高程与稳定性
系数 K_c 间的关系

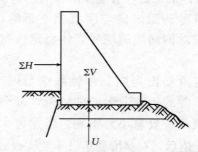

图 6‑18　表层抗滑稳定计算荷载示意图

对于大型工程，滑动面的 f、c 值应通过现场原位试验确定。中、小型工程当不具备原位试验条件时，可采用工程地质类比法，参考已建工程的经验数据确定。表 6‑5 列举了几种常见软弱结构面的摩擦系数值，表 6‑6 是某些工程缓倾角裂隙面的抗剪强度参数。

影响结构面抗剪强度的因素很多，如结构面的物质成分、起伏粗糙程度、连续性、充填物性质、地下水的作用等。在确定结构面的抗剪强度参数时，要全面考虑上述因素的影响。

以上，重点分析了作为坝基深层滑动边界条件的各种结构面的单因素作用。实际上，各类软弱面的性质及其组合，才是影响抗滑稳定的决定性因素，它控制着坝基滑动的形式及可能性。

表 6-5

几种类型结构面的摩擦系数   表 6-5

结 构 面 状 态	摩 擦 系 数 (f)		备 注
	数据范围	一般值	
不含碎块的泥化夹层	0.13~0.27	0.2	泥愈厚值愈小
泥厚小于碎块或小于结构面起伏差的破碎夹层	0.25~0.57	0.3~0.5	包括铁、锰质薄膜
闭合无充填结构面	0.53~1.2	0.5~0.7	含少量碎屑

表 6-6   缓倾角裂隙面抗剪试验成果表

工程名称	岩 石	裂 隙 性 状	抗 剪 强 度	
			f	c (MPa)
故 县	流纹岩	倾向下游，裂隙面稍有起伏，夹 1~3mm 泥，有少量岩石抗剪断	0.90	0.02
		裂隙面平直光滑，有铁质薄膜，有少量岩石抗剪断	0.60	0.14
		裂隙组合面粗糙，起伏差 1~2cm，有少量岩石抗剪断	1.03	1.0
龚 咀	花岗岩	平直、光滑、无充填	0.64	0.1
		平整光滑，夹泥或有泥膜，泥厚 1~5mm，分布不均	0.59	0
三 峡	石英闪长岩	有起伏，绿泥石、绿帘石充填，结合较牢	1.14 (抗剪断)	0.12
岩 滩	辉绿岩	弱风化裂隙，有泥膜	0.4~0.62	
		裂隙面新鲜，有钙质薄膜	0.67~0.85 (抗剪断)	
富春江	流纹岩	普遍夹泥	0.244~0.265	0.014~0.0138

三、坝基抗滑稳定性计算的原理

坝基岩体抗滑稳定性分析计算方法有刚体极限平衡法、有限元法和地质力学模型试验方法等。上述问题，主要在专业课中讲述。但是，所有的计算、分析方法，均需符合坝基岩体的实际地质条件，需要地质人员提供软弱结构面的组合及其力学参数。因此，了解抗滑稳定性的计算原理，对于加深对工程地质分析方法的理解是必要的。

1．表层滑动的稳定性计算

主要是以坝体和基岩接触面的抗滑阻力，作为分析计算的依据。通常采用下列两种类型公式计算其稳定性系数（参看图 6-18）：

$$K_c = \frac{f(\Sigma V - U)}{\Sigma H} \tag{6-1}$$

$$K'_c = \frac{f(\Sigma V - U) + cA}{\Sigma H} \tag{6-2}$$

式中 K_c、K'_c——抗滑稳定安全系数，K_c 取值一般为 1.0~1.1，K'_c 应大于 2.5；

          ΣV——作用在滑动面上各种垂直力的总和；

ΣH——作用在滑动面上各种水平力的总和；

U——扬压力；

f——滑动面的摩擦系数；

c——滑动面的粘聚力；

A——滑动面的面积。

从公式可以看出，当荷载一定时，坝体与基岩接触面的抗剪强度，是影响抗滑稳定性的主要因素。

2. 深层滑动的稳定性计算

深层滑动稳定性计算的公式较复杂，随边界条件变化而异。下面介绍两种简单的情况：

（1）倾向上游的单一滑动面 此时，滑动面在下游河床出露，具有临空条件[图 6-19(a)]。当不考虑侧向阻滑作用时，抗滑稳定系数 K 为：

$$K_c = \frac{f(V\cos\alpha - U + H\sin\alpha) + cL}{H\cos\alpha - V\sin\alpha} \quad (6-3)$$

式中 V——坝体和滑动体重量等垂直力的总和；

H——库水推力及泥砂侧压力等水平力的总和；

L——滑动面的长度；

α——滑动面倾角；

其它符号意义同前。

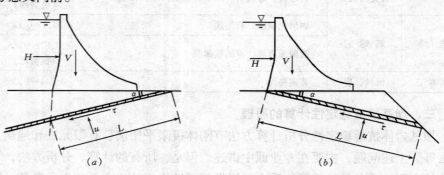

图 6-19 单斜滑动面稳定性分析示意图
(a) 倾向上游；(b) 倾向下游

（2）倾向下游的单一滑动面 当滑动面倾向下游并有陡立临空面时 [图 6-19(b)]，不计侧向阻滑作用，其稳定性系数计算公式为：

$$K_c = \frac{f(V\cos\alpha - U - H\sin\alpha) + cL}{H\cos\alpha + V\sin\alpha} \quad (6-4)$$

式中符号的意义同前。

比较式（6-3）和式（6-4）可以看出，单斜滑面倾向下游时，滑动面上的抗滑力比倾向上游者小，而滑动力比倾向上游时大。因此，滑动面倾向下游时比倾向上游的稳定性差。

146

如果单斜滑动面倾向下游无临空条件时，其稳定性会提高。这时，下游的尾岩抗力起阻滑作用，其稳定性系数的计算有三种方法，可详见专业书籍。

四、坝基处理

在任何地区，都很难找到十分新鲜完整、没有任何地质缺陷的基岩来作为大坝的地基。为保证大坝建成后能长期安全的运行，均需作一定的坝基处理。坝基经处理后，一般要达到下列要求：

1）有足够的承载力，以承受坝体的压力。

2）具有整体性、均匀性，不致产生过大的不均匀沉陷。

3）增强坝体与基岩接触面，及各类软弱结构面的抗剪强度，防止坝体滑动。

4）增强抗渗能力，维持渗透稳定。

5）增强两岸山体稳定，防止塌方或滑坡危及大坝安全。

下面就几种常用的处理措施，作简要介绍。

（一）清基开挖

开挖，是岩基处理中最常运用的方法。其目的是清除各种不能满足要求的软弱岩（土）体，如风化层、覆盖层、断层破碎带及软弱夹层等。

开挖深度的确定，主要应满足水工建筑物的结构要求，也考虑施工的便利与经济。对于重力坝，现行规范规定：高坝（坝高大于70m）应建在新鲜或微风化岩石上；中坝（坝高30~70m）宜挖到微风化或弱风化下部的基岩；高度小于30m的低坝及两岸地形较高部位的坝段，利用基岩的标准可放宽。

开挖面的上下游高差不宜过大，并尽可能使其向上游倾斜。由于地形、地质条件限制而倾向下游或高差悬殊时，宜挖成大台阶状，并使台阶的高差尽量与混凝土浇筑块的大小与分缝位置相协调。

对于基岩表面影响基岩与混凝土结合的附着物，如方解石、氧化铁（黄锈）及钙质薄膜等，应清除干净。对于特别光滑的岩面要凿毛。

残留的孤立岩块，尖锐棱角要打掉，避免应力集中。

对于软弱易风化岩体的开挖，要预留保护层。实践证明，喷水（充水）保护的效果最好。也可以喷混凝土、涂沥青等。

（二）陡倾断层破碎带的处理

常用的处理方法有混凝土塞、混凝土支撑拱、钢筋混凝土垫层等，并常辅以固结灌浆。其中以前者应用的最普遍。

混凝土塞设计的基本思路是，将破碎带开挖到一定深度回填混凝土形成塞子，并假定混凝土塞是两端固定的梁。显然，回填的混凝土愈厚，梁底的沉陷或拉应力愈小。根据梁底的沉陷不宜过大，且即使再增加塞子的厚度亦对减少梁底的沉陷无显著影响的原则，来选定合理的开挖深度。通常，处理的深度 d 可用下式估算：

$$d = KBH + C \tag{6-5}$$

式中　K——经验系数；

　　　B——破碎带的宽度；

H——建基面以上的坝高;

C——与坝高、破碎带影响范围及倾角有关的系数。

表 6-7 列举了国内外一些工程确定处理深度的公式,供参考。

表 6-7 　　　　　　某些工程确定破碎带处理深度的公式

分类	工程	应用条件	公式
用挠度控制	夏斯塔坝(美)	坝高183m,砂岩中有软弱夹层。硬岩 $E=352000$,软岩 $E=141000$	$d=0.0066BH+3$(两岸) $d=0.0066BH+9$(河床)
		夹层与坝轴线平行 夹层与坝轴线垂直	$d=0.0066BH+3$ $d=0.0066BH+1.5$
	新安江坝(中)	坝高110m,砂岩中有软弱夹层、断层带,硬岩 $E=145000$,软岩 $E=39000$	$d=0.008BH+3.5(H>85m)$ $d=0.007BH+2.0(H=65\sim85m)$ $d=0.006BH+1.0(H<65m)$
	佛兰特坝(美)	坝高98m	$d=0.3BH+1.5(H>46m)$ $d=0.0066BH+1.5(H<46m)$
用弯曲拉应力控制	巴克拉坝(印)	坝高207m,硬岩 $E=176000$ 软岩 $E=35200\sim49200$	$d=0.0066BH+3$(两岸) $d=0.0066BH+9$(河床) $d=\dfrac{BH}{6}+\dfrac{B}{2}$
	丹江口(中)	坝高110m,闪长玢岩	控制的允许拉应力1.0MPa
	青铜峡(中)	坝高41.9m,灰岩、砂岩、页岩	控制的允许拉应力1.0MPa
经验	白山(中)	坝高144m,混合岩	$d=0.6B(B>3m)$ $d=B(B<3m)$
	陈村(中)	坝高75m,石英砂岩、页岩	$d=B+\dfrac{H}{10}$
	一般采用		$d=(1\sim2)B$

（三）裂隙的处理

目前,广泛采用灌浆对裂隙进行加固处理。此外,对两岸岸坡及拱坝坝肩的裂隙岩体,用锚杆或预应力锚索锚固常可取得良好的效果。如绪论中介绍的瓦依昂水库,拱坝两岸岩体直立的卸荷裂隙发育,将岩石切割成板状,经预应力锚索锚固及灌浆处理后,经受了大滑坡涌浪约 400 万吨推力的考验而巍然不动。我国的梅山水库连拱坝,右坝肩花岗岩中有陡、缓两组节理切割 [图 6-20(a)],水库蓄水后,在孔隙压力作用下,使岩体沿缓倾节理向河床方向滑动,导致 14、15、16 号拱圈发生多条裂缝漏水,拱垛也发生了倾斜。后采取锚固、灌浆及防渗处理,才使水库恢复了正常运转。该坝右坝肩共布置预应力钢缆锚固孔 170 个,钢缆直径 52mm,锚固深 25~40m [图 6-20(b)]。

（四）缓倾夹层及破碎带的处理

缓倾软弱夹层及破碎带的处理,应根据夹层及破碎带的性状、埋藏深度,结合工程的规模进行综合研究确定。常用的处理措施有:

（1）明挖　当夹层或破碎带埋藏很浅时,将其全部挖除。

（2）洞挖回填　沿夹层的倾向,布置斜洞、平洞或竖井,挖除后回填混凝土 [图 6-21

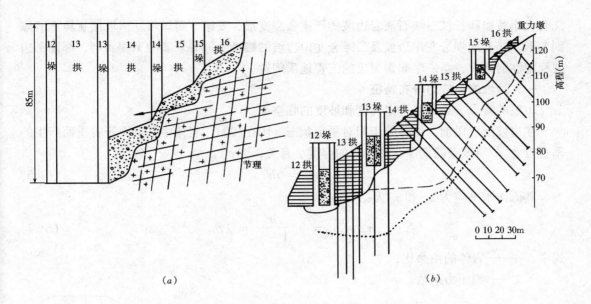

图 6-20　梅山水库右坝肩岩体滑动及锚固处理示意图

（a）右坝肩岩体沿缓倾节理滑动图；（b）右坝肩锚固处理示意图

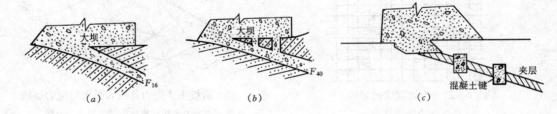

图 6-21　缓倾角软弱带的处理

（a）明挖回填；（b）洞挖；（c）锚固及浇筑混凝土键

（a）、（b）]。

（3）锚固　用预应力锚固、混凝土锚固桩及洞挖浇筑混凝土键[图 6-21（c）]等。

第三节　岩质边坡稳定的工程地质分析

天然边坡或人工开挖边坡的稳定性评价，是水利水电工程建设中的重要问题之一。

水库岸坡的崩塌与滑动，水利枢纽附近边坡的变形与失稳，施工场地或居民区边坡的破坏，都会造成极其严重的后果。1959 年我国的柘溪水库右岸，于上游 1.5km 处的塘岩光发生滑坡，165 万 m³ 的土石以每秒 25m 的速度滑入水库，激起的涌浪高达 21m，库水漫过尚未建完的坝顶淹没基坑，造成巨大损失。

据部分大型水库的库岸稳定状态的调查，发现几乎所有的山区和丘陵区水库，都曾发生过库岸坍滑现象，唯其数量和规模不同而已。如龙羊峡接近大坝的库区有多处古老滑坡，其中一处体积达 1.5 亿~2 亿 m³。小浪底坝址岸坡滑塌体，总体积达 1100 万 m³。乌江渡大小黄崖和长江三峡石灰岩边坡的严重张裂变形，安康、碧口坝址岸坡层状岩体的倾倒变形，扬五庙坝址左岸边坡及二滩金龙山边坡的蠕动变形等众多的工程实例，都说明边坡稳定性的研究，是一个非常突出的工程地质问题。

一、边坡岩体应力分布特征

边坡的特点，是具有一定高度和坡度的临空面。

在边坡形成以前，岩体处于相对平衡状态（图6-22），岩体中某点由于自重而产生的垂直应力 σ_z 与该点的埋深 h 和岩体的容重 γ 有关，即：

$$\sigma_z = \gamma h \tag{6-6}$$

其侧向水平应力 σ_x 和 σ_y 为：

$$\sigma_x = \sigma_y = \sigma_z \frac{\mu}{1 - \mu} = \lambda \gamma h \tag{6-7}$$

式中 μ——岩体的泊桑比；

 λ——侧压力系数。

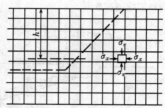

图6-22　边坡形成前岩体
内一点的应力状态

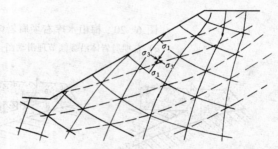

图6-23　边坡中主应力迹线和最大剪应力迹线
实线—主应力迹线；虚线—最大剪应力迹线

岩体的初始应力，除自重应力外，还有构造应力、温差应力等，其应力状态远较上述复杂。

边坡形成以后，岩体内应力将产生重新分布。据光弹资料及有限元计算，岩体内应力主要发生了如下的变化：

1）主应力迹线发生明显偏转。边坡坡面附近，最大主应力 σ_1 方向与坡面近于平行，最小主应力 σ_3 与坡面近于垂直，最大剪应力迹线由原来的直线转变为近似圆弧线（图6-23）。

2）在边坡坡脚附近形成一个明显的应力集中带（图6-24），边坡愈陡，应力集中愈严重。

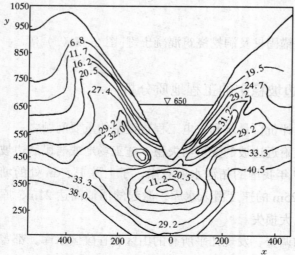

图6-24　河谷切向应力（10^5Pa）
分布图（据光弹资料）

3）坡面岩体，由于侧向应力近于零，在较陡边坡的坡面和顶面将出现拉应力。拉应力带分布的位置与边坡形状和坡度有关，图 6‐25 为自重应力场时拉应力带分布情况。

上述边坡岩体的应力分布特征，是以岩体为均质连续弹性介质假设为前提的。实际上，边坡岩体多为非均质的不连续介质，应力分布通常是不规律的。

边坡岩体的变形与破坏，是由岩体应力与强度之间的矛盾决定的。边坡从开始形成起，在重力、水及人为因素的作用下，其形态和内部结构在不断地变化，其应力状态也随之调整改变。当调整后的应力低于岩体的强度时，边坡是稳定的。否则，将导致边坡变形破坏。

上述情况，可以用莫尔-库仑强度准则作一简单分析。如图 6‐26 所示，假定边坡形成前岩体的强度曲线为Ⅰ，岩体内某一点的最大主应力为垂直应力 σ_1，最小主应力为水平应力 σ_3，其应力圆为①，岩体处于稳定状态；边坡形成后，σ_1 一般变化不大，而 σ_3 因水平应力释放而减小变为 σ_3'，应力圆向左转移至②，坡面岩体因卸荷松动强度曲线降低为Ⅱ；此后，由于岩体松动的进一步发展，水渗入引起一系列不良作用，使岩体强度进一步降低变为曲线Ⅲ，水平应力进一步削减变为 σ_3''，应力圆变为③，如果 σ_3'' 继续变小，将使应力圆与强度曲线Ⅲ相切，边坡即产生破坏。

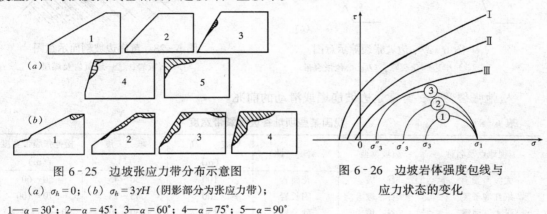

图 6‐25　边坡张应力带分布示意图

（a）$\sigma_h = 0$；（b）$\sigma_h = 3\gamma H$（阴影部分为张应力带）；

1—$\alpha = 30°$；2—$\alpha = 45°$；3—$\alpha = 60°$；4—$\alpha = 75°$；5—$\alpha = 90°$

图 6‐26　边坡岩体强度包线与应力状态的变化

二、边坡岩体变形破坏的基本形式

边坡岩体变形破坏的基本形式有剥落、松弛张裂、蠕动、崩塌和滑动等几种类型。大规模的边坡破坏，通常是上述几种形式的组合。

（一）剥落

剥落系指边坡表层的松散土石岩屑，在雨水冲刷和其它营力作用下，沿坡面产生位移的现象。

剥落多发生在抗风化能力弱的粘土岩、粘土质粉砂岩、页岩等泥质岩层组成的边坡。继表层岩石风化剥落后，使深部岩石裸露继续遭受风化，这样，就逐渐地、大范围地形成层层剥落现象。

（二）松弛张裂

在高陡边坡的坡顶眉锋线附近的张力带，常产生与坡面近于平行的岸边张裂隙。如果

151

岩体内原有高角度节理，则张裂隙更易沿之发展。

岸边卸荷张裂隙，通常呈上宽下窄状（图6‑27），其发育深度一般不低于谷底标高。当有多条卸荷裂隙发育时，则在边坡形成松弛张裂带。该带向山里的发育宽度，与边坡的岩性、岩体结构、原始应力状态及边坡形态等有关。边坡愈高陡，松弛张裂带愈宽，有时可宽达百米以上。表6‑8列举了我国某些坝址区谷坡张裂带的宽度。

此外，对于一些上硬下软的高陡边坡，由于软弱岩层底座的沉陷或蠕动，亦会引起上覆硬层边坡的拉裂。例如，乌江渡水电站黄崖边坡为一高达200～300m的陡崖，上部由巨厚层的阳新灰岩组成，坡脚为薄层灰岩、页岩、泥岩及煤层等软弱岩层（图6‑28）。由于卸荷回弹、基座的不均匀沉陷及软层的蠕动变形，引起上覆石灰岩沿一组构造节理产生多处拉裂，拉裂缝宽度一般为0.5～2m，最大的张宽已达8m，深度为70～200m。

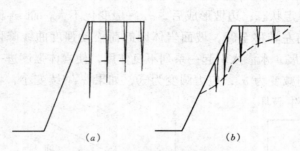

图6‑27　边坡张裂隙示意图
（a）岸边卸荷裂隙；（b）松弛张裂带

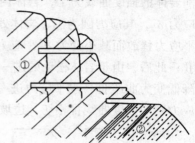

图6‑28　黄崖边坡剖面示意图
①—石灰岩；②—砂页岩及煤层

松弛张裂变形，常常是边坡崩塌或滑动的前兆。

表6‑8　　　　　　　　　　我国某些坝址谷坡张裂带宽度

工程地点及名称	边坡类型	岩 性	坡 高（m）	坡 度（°）	松弛张裂带宽度（m）
大渡河龚咀	谷 坡	花岗岩	100	30～45	50～60
岷江渔子溪	谷 坡	闪长岩	200	45～75	70～100
沅水五强溪	谷 坡	砂 岩	150	30～40	20～30（垂深）
溇水江垭	谷 坡	砂岩、页岩	150～250	60～70	60～70
耒水东江	谷 坡	花岗岩	200	30～50	35～50
自贡小井沟	谷 坡	砂 岩	100	40	30
华莹山海底沟	单面坡	砂 岩	200	30～70	50～60

（三）蠕动

边坡岩体在重力的长期作用下，向临空方向发生的一种缓慢持续的变形称为蠕动。

边坡长期缓慢的变形，常是急剧变形破坏的渐变阶段，当变形一旦达到并超过一定值后，边坡就会发生急剧地破坏。例如，瓦依昂水库滑坡前三年的观测资料表明（图6‑29及表6‑9），在1963年春季以前，边坡岩体大致保持等速蠕动变形，在同年的9月18日大雨之后变形迅速增大，至10月9日导致整个山体急速下滑。

边坡蠕动变形的机制比较复杂，它可以使边坡岩体产生倾倒拉裂、弯曲、折断及塑性流动等多种变形破坏。

表 6-9　　瓦依昂滑坡失事前位移速率观测值

日　期	位移速率（cm/d）
1963 年春—夏	0.14
1963 年 9 月 18～24 日	1
1963 年 9 月 25～10 月 1 日	10～20
10 月 8 日	40
10 月 9 日	80

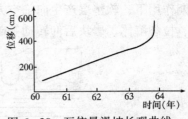

图 6-29　瓦依昂滑坡长观曲线

（1）倾倒松动型　一般多发生在由脆性陡倾角层状岩石组成的边坡中。其特征是各层岩块依次向临空方向倾倒歪斜，岩层分段折裂（图 6-30）。

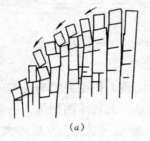
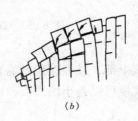

图 6-30　倾倒松动型边坡

（a）脱开式倾倒；（b）错动式倾倒

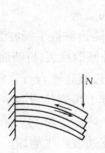
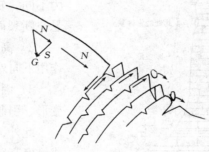

图 6-31　倾倒弯曲型边坡成因示意图

（2）倾倒弯曲型　一般由薄层状页岩、千枚岩、绢云母片岩等塑性岩层组成的反倾边坡，在重力的法向分量或其它横向荷载（如水平应力等）的作用下，向临空方向产生同步倾倒弯曲。其成因类似悬臂梁在垂直轴向荷载作用下产生弯曲变形一样，并伴随倾倒弯曲产生逆剪的层间错动（图 6-31）。

（3）滑动挠曲型　多发生于由软硬相间岩层所组成的同向高陡边坡中。由于这种岩层组合层间抗剪强度低，在顺层下滑力的长期作用下，下端受阻引起的岩层弯曲（图 6-32）。

（4）塑流拉裂型　当边坡上部为硬岩层，下部为软弱的塑性岩层时，在上覆岩体重量的

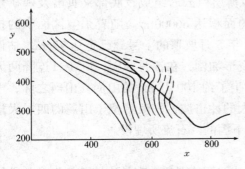

图 6-32　滑动挠曲型边坡

153

长期作用下，软垫层产生向临空方向的缓慢塑性流动变形，可引起上覆硬层形成不均匀沉陷、拉裂解体、岩块后仰转动等破坏现象（图6-33）。

砂岩

泥岩

图6-33　四川隆昌塑流拉裂型边坡

（四）崩塌

在陡峭的边坡上部，被裂隙切割的岩块，受重力作用突然高速脱离母岩翻滚坠落的现象称为崩塌。其规模可以是小块岩石，也可以是巨大岩体的崩落，后者又称为山崩。

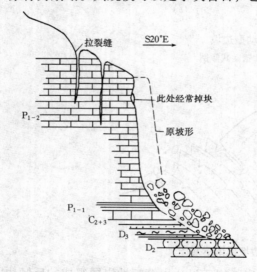

拉裂缝　　S20°E

此处经常掉块

P_{1-2}

原坡形

P_{1-1}

C_{2+3}

D_3

D_2

图6-34　长江三峡月亮地厚层灰岩陡坡的崩塌

崩塌一般发生在坡度大于60°的陡坡或陡崖处。产生崩塌的原因大致有下列几种情况：

1）边坡由软硬相间岩层组成，因抗风化能力不同，软层受风化剥蚀而凹进，上覆硬层便悬空断裂而坠落。

2）高陡边坡被平行坡面的裂隙深切，在重力作用下向外倾倒拉裂、折断而崩落（图6-34）。

3）因边坡底座岩石软弱，产生沉陷或蠕动变形，引起上覆岩体拉裂错动而造成崩塌。

此外，降雨、震动、采矿挖空等均可造成或触发高陡边坡产生崩塌。

例如，湖北盐池河磷矿矿区山体三面临空，上部160m为悬崖峭壁由坚硬的巨厚层白云岩组成，峭壁下地形坡度为45°，由相对软弱的中厚层及薄层白云岩组成，底部夹页岩及磷矿层

（图6-35）。从1969年采矿以来，形成采空区的面积达66000m²。随着采空区面积的扩大，从1979年起坡顶出现多条张裂缝，到1980年5月坡顶的Ⅰ号缝已宽达77cm，估计深达160m，形成了崩塌体的后缘。此后，裂缝变形加剧，在5月30日和31日连降两天暴雨之后，山体变形加速，终于在6月3日晨发生了约100万m³的山崩。山崩之际，声势骇人，160m高的半壁山头倾刻崩倒，激起强大的冲击波，气浪将位于山麓的四层大楼席卷而起，直抛到对面山坡上撞碎，随之被奔腾下泻的巨石流所埋没。

（五）滑动

滑动系指一部分岩土体沿一定结构面产生滑动破坏的现象。它是边坡破坏中最常见的

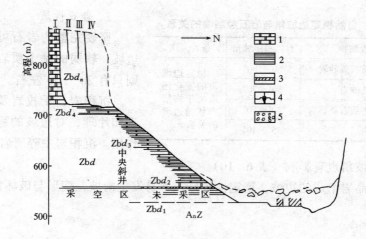

图 6-35 盐池河山崩示意图

1—厚层白云岩；2—页岩；3—磷矿层；4—裂缝及编号；5—崩积物

一种类型。滑动的规模大小不一，当大量岩土体沿一定的面整体下滑时，称为滑坡。

土体中滑坡，滑动面常呈圆弧形，主要受边坡中最大剪应力控制。

岩体中的滑动破坏，则主要受节理、断层及软弱夹层等软弱结构面的控制。因此，软弱结构面的性质、产状及其组合形式对岩质边坡稳定有重要的影响。

按滑动面的形态，岩质边坡有单滑面滑动、双滑面滑动及沿多组结构面所构成的复杂形态的滑动。图 6-36 表示了几种常见的由多组结构面切割的滑动体形态。

关于滑动破坏的详细分析与评价，将在下面讲述。

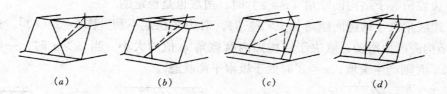

图 6-36 边坡被多组结构面切割的滑动体形态

（a）锥形体；（b）楔形体；（c）棱形体；（d）槽形体

三、边坡稳定性的评价方法

边坡稳定性评价，有定性分析、模型试验及定量计算等方法。目前常用的定性评价方法有成因历史分析法和工程地质类比法。定量评价方法有刚体极限平衡法、应力应变分析法、图解法及寻求边坡破坏概率的随机评价方法等。

（一）成因历史分析法

该法主要是针对影响边坡稳定性的各种因素，进行综合分析研究，对边坡稳定性作出定性的判断。影响边坡稳定性的因素，主要有下列几种：

1．地貌条件

深切的峡谷，陡峭的岸坡易于产生变形破坏。平面上呈凹形的边坡比凸形边坡稳定性好。边坡周围有无冲沟深切、地形是否完整等也直接影响边坡的稳定性。

表 6·10　　　自然稳定边坡角与岩石胶结物的关系

岩性及胶结物	自然稳定坡角	备　　　注
中细粒厚层硅质石英砂岩	60°～80°	稳定边坡角的变化还取决于岩层产状与边坡的关系
细粒硅钙质石英砂岩	50°～70°	
细粉粒薄层硅钙质石英砂岩	40°～50°	
泥质石英粉砂岩	35°～40°	

2. 岩石性质

坚硬完整的岩石可以维持高陡的边坡，软弱的粘土质岩石的稳定坡角则只有 20°～30°左右。

沉积岩、千枚岩及部分片岩的层理和片理，对边坡的稳定性常起控制作用。沉积岩中碎屑岩的胶结物成分，对边坡的稳定坡角也有影响（表 6·10）。

由块状结晶岩组成的边坡，稳定性较好，不易发生滑坡，变形与破坏常以张裂、崩塌为主。

3. 岩体结构

岩质边坡的稳定性，虽然和岩石性质有关，但主要取决于结构面的类型、产状、性质、规模及其组合情况。

整体或块状结构类型的边坡，稳定性好。层状结构的边坡，其稳定性主要取决于层面的产状。碎裂结构和散体结构的边坡稳定性差，易于产生圆弧式的滑动。

层状结构边坡或被软弱结构面切割的边坡，层面及其它软弱结构面的走向与坡面走向夹角愈大愈稳定。二者倾向相反时，一般对边坡稳定有利。二者同倾向时有下述三种情况（图 6·37）：

1）边坡角小于结构面倾角（$\beta < \alpha$）时，边坡是稳定的，这时，边坡角可以提高到 [图 6·37(a)]中虚线位置 AB，使 $\beta = \alpha$ 时作为经济合理的边坡角。

2）边坡角等于结构面倾角（$\beta = \alpha$）时，边坡也是稳定的。

3）边坡角大于结构面倾角（$\beta > \alpha$）时，对边坡稳定不利 [图6·37(c)]。这时，能否沿着结构面产生滑动，取决于结构面内摩擦角 φ 值的大小。当 $\varphi > \alpha$ 时，一般是稳定的；$\varphi < \alpha$ 时则产生滑坡；$\varphi = \alpha$ 时处于极限平衡状态。

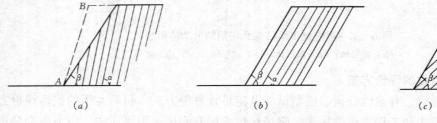

(a)　　　　　　　　　　(b)　　　　　　　　　　(c)

图 6·37　同向坡结构面与
坡角的关系

(a) $\beta < \alpha$；(b) $\beta = \alpha$；(c) $\beta > \alpha$

4. 水的作用

一般崩塌和滑坡均发生在连续降雨之后，尤其是暴雨，对触发边坡破坏是一个重要的因素。水对边坡的作用主要表现在以下几个方面：

1）水对边坡岩体产生软化作用，降低岩体强度。特别是泥质岩石及软弱结构面，饱水后软化作用明显，抗剪强度降低。

2) 作用在滑动面上的地下水静水压力，可以减少该面上的有效法向力（图6‑38），从而降低了抗滑力，导致边坡失稳。

3) 地下水位抬高后，地下水坡降加大动水压力增加，后缘拉裂缝中静水压力增大，均加大了沿滑动面的下滑力。

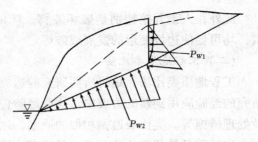

图6‑38　边坡岩体受静水压力示意图
（水由坡脚渗出）

大气降雨对边坡的作用与地下水对边坡的作用是联系在一起的。降雨可以使坡体中含水量猛增，地下水位抬高，增大了静水压力、孔隙压力和浮托力，改变了边坡的应力状态。通过大量滑坡实例的调查，发现滑坡与降雨历时及降雨量有一定的相关性。一般可将触发边坡失稳破坏的降雨划分成长雨型和暴雨型两种，长雨型以中雨和大雨为主，降雨历时6～10天，其间雨停时间不超过两天；暴雨型以暴雨和大暴雨为主，偶尔与大雨相结合，形成一个连续的降雨过程历时2～5天。长雨型触发边坡破坏数量少，发生时间分散。暴雨型触发边坡破坏的数量多，发生时间集中。据四川东部暴雨型滑坡崩塌统计，自暴雨开始，24小时内出现的滑坡崩塌占总数的16%，在49小时内出现的占总数的77%。长雨型触发的滑坡，一般累积降雨量在100mm以上才开始出现，日降雨量在50mm以下。暴雨型滑坡开始发生时累积降雨量低，日降雨量高，大量的滑坡发生在日降雨量100mm以上。表6‑11列举了四川盆地暴雨触发滑坡的降雨特征值。据统计分析，不同地区暴雨触发滑坡的累积降雨量与日降雨量之间存在如下的线性关系：

$$P_x = a - bP_{xn} \tag{6‑8}$$

式中　P_x——日降雨量，mm；

　　　P_{xn}——累积降雨量，mm；

　　a、b——系数。

表6‑11　　　　　　　　　四川盆地暴雨触发滑坡的降雨特征值

地　区	滑坡开始时		滑坡大量发生时	
	累积降雨量（mm）	日降雨量（mm）	累积降雨量（mm）	日降雨量（mm）
广　元	136.0	34.0	308.5	239.0
旺　苍	119.9	68.1	295.5	79.6
阆　中	98.1	20.1	279.7	181.6
苍　溪	140.0	43.7	295.5	79.6
盐　亭	130.6	33.5	331.5	210.1
三　台	168.4	74.2	452.2	283.8
忠　县	139.0	139.9	289.7	138.2
开　县	53.4	51.4	280.8	153.8
南　江	138.1	7.1	372.4	258.5
万　源	107.1	13.5	321.5	129.2

157

此外，人工开挖特别是破坏坡脚、矿山采空、震动、在坡顶修建建筑物及加重等因素，均可促使边坡变形的发展或破坏。

（二）工程地质类比法

工程地质类比法，是将所要研究的边坡与类似的已经研究过的边坡相对比，以便将已研究的经验应用到新的边坡中。这些经验包括边坡剖面形态、变形破坏形式及机理、防护及处理措施等。类比要遵循相似的原则，地质条件和形态完全不同的边坡不能对比。在边坡工程地质条件相似的情况下，其稳定边坡便可作为确定稳定坡角的依据。

我国在水利水电、铁路、矿山等建设中，已经有了大量的边坡工程实践经验，要注意收集和应用。表 6-12 列举了岩石稳定边坡的经验值（引自《山区铁路工程地质》1977），供参考。

表 6-12　　　　　　　　弱风化及新鲜岩石水上边坡参考值

岩 石		不利结构面与边坡直交或内倾				不利结构面与边坡平行或外倾	其 它
		完 整		欠 完 整			
		坡 高（m）	坡 度	坡 高（m）	坡 度		
沉积岩	石灰岩、砂岩	20~40	1:0.5	10~20	1:0.5	软弱结构面外倾并在坡面出露时，其倾角小于内摩擦角时稳定，否则不稳定	1. 岩溶发育者，按破碎岩石考虑； 2. 不完整岩石的高边坡，需采用二级或二级以上的阶梯； 3. 易风化的软岩，应作坡面防护； 4. 有地下水时，需考虑静水压力的影响
				20~40	1:0.75		
	页岩、泥岩	20~40	1:0.75	10~20	1:0.75		
				20~40	1:1		
岩浆岩	花岗岩、闪长岩等	20~40	1:0.5	20~40	1:0.75		
	斑岩类	20~40	1:0.75	10~20	1:0.75		
				20~40	1:1		
	流纹岩、安山岩等	20~40	1:0.5	10~20	1:0.5		
				20~40	1:0.75		
	凝灰岩、火山碎屑岩	20~40	1:0.75	10~20	1:0.75		
				20~40	1:1		
变质岩	片麻岩、混合岩	20~40	1:0.5	20~40	1:0.75		
	板 岩	20~40	1:0.75	10~20	1:0.75		
				20~40	1:1		
	千枚岩、片岩	20~40	1:0.75	20~40	1:1		

（三）刚体极限平衡计算法

该法主要用于滑动破坏的校核计算，其原理与坝基抗滑稳定计算相似。计算时假定滑体为均质刚性体，对边界条件简化后，按库仑定律或由此引伸出的准则，计算抗滑稳定系数。

1. 单滑面的稳定性计算

如图 6-39 所示，当只计岩体的重量时，边坡岩体稳定性系数 K 为：

$$K = \frac{G\cos\alpha\, \mathrm{tg}\varphi + cL}{G\sin\alpha} = \frac{\mathrm{tg}\varphi}{\mathrm{tg}\alpha} + \frac{cL}{G\sin\alpha} \tag{6-9}$$

式中　G——单宽滑体重量，t；

　　　φ——滑面摩擦角，°；

　　　c——滑面粘聚力，t/m^2；

　　　α——滑面倾角，°；

　　　L——滑面长度，m。

　　如滑体断面按三角形 ABC 计，则 $G = \frac{1}{2}\gamma h L\cos\alpha$，代入上式得：

$$K = \frac{\text{tg}\varphi}{\text{tg}\alpha} + \frac{4c}{\gamma h \cdot \sin 2\alpha} \qquad (6\text{-}10)$$

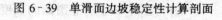

图 6-39　单滑面边坡稳定性计算剖面

式中　h——滑体厚度，m；

　　　γ——岩体容重，t/m^3；

　　其它符号的意义同前。

　　从式（6-10）可知，单滑面滑动体的稳定系数与滑面长度 L 及坡面倾角 β 无关，而是随着滑面 c、φ 值的增加而加大，随滑面倾角 α 及滑体厚度 h 增加而减小。

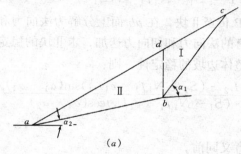

2. 折线式滑面的稳定性计算

　　在剖面上，当滑面为同倾向的折线型时（图 6-40），可用分块迭加法、等稳定系数法及剩余推力法计算其稳定系数。

　　图 6-40 为双折线滑动面，如果以 b 点为界将滑体分为Ⅰ、Ⅱ两块，则Ⅰ块为主动滑体，Ⅱ块为被动滑体。

　　等稳定系数计算法，假定在 bd 面上作用有一平行 bc 面的力 Q_1 [图 6-40(b)]，使Ⅰ、Ⅱ两块在 Q_1 作用下具有相同的稳定系数 K，此时，对于Ⅰ块 K 等于：

$$K = \frac{N_1 f_1 + c_1 L_1}{S_1 - Q_1} \qquad (6\text{-}11)$$

Ⅱ块的稳定系数为：

$$K = \frac{N_2 f_2 + c_2 L_2 + Q_1\sin(\alpha_1 - \alpha_2)f_2}{S_2 + Q_1\cos(\alpha_1 - \alpha_2)}$$

$$\qquad (6\text{-}12)$$

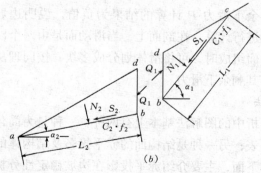

图 6-40　折线型滑面稳定性计算剖面
　　（a）双折线滑动面；（b）滑体分析图

　　由式（6-11）可得 Q_1 为：

$$Q_1 = S_1 - \frac{N_1 f_1 + c_1 L_1}{K} \qquad (6\text{-}13)$$

　　将式（6-13）代入式（6-12），得边坡的稳定系数为：

$$K = \frac{N_2 f_2 + c_2 L_2 + \left(S_1 - \dfrac{N_1 f_1 + c_1 L_1}{K}\right)\sin(\alpha_1 - \alpha_2) f_2}{S_2 + \left(S_1 - \dfrac{N_1 f_1 + c_1 L_1}{K}\right)\cos(\alpha_1 - \alpha_2)} \qquad (6\text{-}14)$$

式中　N_1、N_2——作用在 Ⅰ、Ⅱ 滑面上的法向力；

$\quad\ f_1$、f_2—— Ⅰ、Ⅱ 滑面的摩擦系数；

$\quad\ c_1$、c_2—— Ⅰ、Ⅱ 滑面的粘聚力；

$\quad\ S_1$、S_2—— Ⅰ、Ⅱ 滑面上的滑动力；

$\quad\ L_1$、L_2—— Ⅰ、Ⅱ 滑面的长度；

$\quad\ \alpha_1$、α_2—— Ⅰ、Ⅱ 滑面的倾角。

用等稳定系数法求边坡的稳定系数，由于公式两边均有 K，因此需经多次试算才能得到结果，计算较繁琐。

剩余推力法的计算较简单，其基本原理是首先求算 Ⅰ 块的剩余下滑力，将其传至 Ⅱ 块计算 Ⅱ 块的稳定系数。如图 6-40 所示，Ⅰ 块的剩余下滑力 P 为：

$$P = S_1 - N_1 f_1 - c_1 L_1 \qquad (6\text{-}15)$$

剩余下滑力 P 传至 Ⅱ 块，在 ab 面上分解为法向力和切向力，与 Ⅱ 块原有的法向力和切向力迭加，求 Ⅱ 块的稳定系数，并以其代表整体边坡的稳定性，则：

$$K = \frac{N_2 f_2 + c_2 L_2 + (S_1 - N_1 f_1 - c_1 L_1)\sin(\alpha_1 - \alpha_2) f_2}{S_2 + (S_1 - N_1 f_1 - c_1 L_1)\cos(\alpha_1 - \alpha_2)}$$

$$(6\text{-}16)$$

式中的符号意义同前。

如 Ⅰ 块的剩余下滑力 P 计算的结果为负值，说明边坡是稳定的，不再进行计算。在剖面上，当滑动面是由两个以上的同倾向结构面组成时，可将滑体划分成多块，按同理从上而下逐一计算其剩余下滑力。

（四）图解法

边坡稳定分析中的图解法基本上有两种：一种是为简化计算而制成的图表；另一种是结构面的赤平投影及结构体的实体比例投影。下面，主要介绍赤平投影在边坡稳定性分析中的应用。

一组结构面与坡面关系的赤平投影，比较简单明了。如图 6-41，其中（a）图结构面投影在边坡投影的对侧，为反向坡稳定；（b）图结构面投影在边坡外侧，表明为同向坡，结构面倾角小于坡角，不稳定；（c）图结构面投影在边坡内侧，二者倾向虽相同，但结构面倾角大于坡角，稳定；（d）图投影表明，结构面走向与坡面走向交角 γ 较大，结

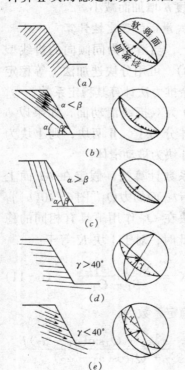

图 6-41　一组软弱面的边坡
赤平投影

（a）稳定边坡（反向坡）；（b）不稳定边坡（$\alpha < \beta$）；（c）稳定边坡（$\alpha > \beta$）；（d）稳定边坡（$\gamma > 40$）；（e）较不稳定边坡（$\gamma < 40$）

160

构面在坡面倾向方向视倾角很小，边坡亦稳定；（e）图的投影，结构面走向与坡面夹角 γ 较小，结构面对边坡稳定的影响与二者走向平行时的情况类似，此图表明结构面倾角小于坡角，较不稳定。

由两组结构面交切的楔形体的稳定性，取决于结构面交线的倾向、倾角及其是否在坡面上出露。用赤平投影法极易求解结构面交线的产状及其与坡面的关系。

图 6‑42 反映了由两组结构面交切的人工开挖边坡的赤平投影。其中（a）图表明交线倾向坡里，最稳定；（b）图表明交线倾向与坡面相同，但倾角大于坡角，稳定；（c）图表明交线倾向与坡面亦相同，但结构面倾角小于开挖坡面角和坡顶面角，因此，交线在坡顶不出露，较稳定，当坡顶有陡倾结构面相切时，则不稳定；（d）及（e）两图的赤平投影相同，这时需判别交线在坡面是否出露，若出露则不稳定（如 e 图），不出露则较稳定（d 图）。

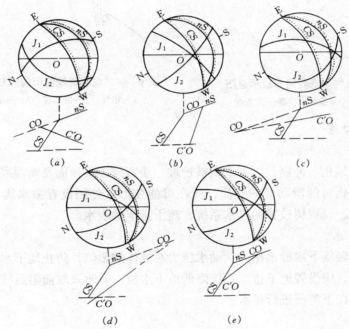

图 6‑42　被两组结构面交切的边坡赤平投影
（a）最稳定；（b）稳定；（c）、（d）较稳定；（e）不稳定
J_1、J_2—结构面；CS—开挖边坡；nS—天然边坡（坡顶面）；
CO—结构面交线在天然边坡面上的出露点

四、边坡变形与破坏的防治

在工程实践中，对于可能失稳的边坡，要建立长期观测系统，并应采取预防和治理等综合防治措施。防治应遵循以防为主、尽量避开、对症下药、综合治理的原则。

（一）边坡变形位移观测

边坡变形位移的观测，可以为认识边坡的变形机理提供资料，并据此可以作出边坡稳定性的预测预报。因此，一些大型重要的边坡，均应布设长期观测系统。

目前，观测边坡变形位移的仪器很多，并且已能自动记录和遥控。

在边坡可能变形区及其附近设置观测桩，由固定站用仪器定期观测各点的水平位移和垂直位移也是常用的办法。如图6-43反映了放射型观测网的布设情况。

有时也可用简易的办法进行观测。如为了观测边坡裂缝的张开变位速度，可在裂缝两侧埋桩（图6-44），定期用钢尺丈量两桩间距离，或设置指示针和指示牌，定期观测指示针尖位移的方向和距离等。

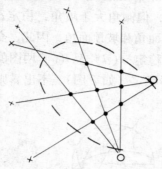

图6-43　放射型观测网布设示意图
○—测站；×—基准点；●—观测点

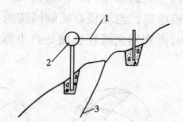

图6-44　观测裂缝变形的简易装置
1—指针；2—指示牌；3—裂缝

（二）防治措施

1.坡面防护及地表排水

为防止坡面风化、冲刷，可采取植被护坡、块石或砂浆护面及喷混凝土等措施。为防止地表水渗入恶化可能滑动面的性质，应在可能变形区外围设置截水沟，拦截旁引地表水；在变形区内，设置树枝状的排水系统，疏干排泄地表水。

2.阻排地下水

为消除或减轻地下水静水压力、动水压力对坡体的影响，防止地下水对软弱结构面的泥化、软化作用，应设置地下排水系统降低地下水位。有时采取前阻后排措施，即在上游布置防渗帷幕，在下游再进行排水。

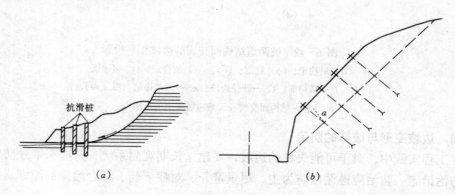

图6-45　边坡岩体的加固
（a）抗滑桩；（b）预应力锚杆或锚索

162

3. 削坡减荷

对于可能失稳的高陡边坡或滑动变形边坡，可采取削缓坡度、减轻上部重量及坡脚压重等措施，增加边坡的稳定性。

4. 支挡及加固措施

对于可能滑动的边坡，可用挡土墙支撑，或采取灌浆、锚固、抗滑桩等加固措施（图6-45）。

第四节　地下洞室围岩稳定的工程地质评价

水利水电建设中的地下建筑物，一般包括导流或引水隧洞、闸门井、地下厂房、变压器房及尾水隧洞等。

地下厂房的规模一般较大，如百万千瓦装机容量的地下厂房，跨度可达30m，高度达60m以上。

修建在岩体中的地下工程，其围岩的稳定性是设计和施工中的重大问题。它涉及到地下工程能否成洞、影响造价及工期。

围岩的稳定性与岩体的地质条件、应力状态、洞室形状及规模、施工方法等因素有关。下面，主要就地质条件对围岩稳定的影响问题做些讨论。

一、地下工程位置选择的工程地质评价

首先要研究山体的总体稳定性。根据经验，具有下述条件的山体，不宜于修建地下工程。

1）山体单薄，受冲沟切割剧烈，风化带或卸荷裂隙带发育很深，洞室顶部或侧墙可利用的新鲜岩体厚度不够。

2）物理地质作用剧烈，山坡稳定性差。或山坡已产生塌滑变形、结构松动，在相当深度及范围内无法利用。

3）山体岩性极不均一，坚硬完整岩石的厚度不够。

4）地质构造复杂，岩层强烈褶皱，断裂发育规模大，山体的完整性遭受严重破坏。

当山体的整体稳定性不存在问题可以利用时，地下洞室位置及方向的选择，主要受地形、岩性、地质构造、地下水及地应力等条件的影响。

（一）地形条件

要求地形完整，洞口岩石应直接出露或坡积层较薄，岩层最好倾向山里以保证洞口边坡的安全。

隧洞进出口地段的边坡应下陡上缓，无滑坡、崩塌等现象存在。在地形陡的高边坡开挖洞口时，应不削坡或少削坡即进洞，必要时可做人工洞口先行进洞，以保证边坡的稳定性。隧洞进出口不宜选在排水困难的低洼处，也不应选在冲沟、傍河山咀及谷口等易受流水冲刷的地段，洞口高程要高于百年一遇洪水位。

（二）岩性条件

洞室位置应尽量选在坚硬完整的岩石中。一般在坚硬完整岩石中掘进，围岩稳定，日进尺快，所以造价低。在软弱、破碎、松散岩层中掘进，顶板易坍塌，侧壁和底板易产生鼓胀挤出变形，所以需要边掘进边支护或超前支护，容易出现事故，进尺慢，造价高。

岩浆岩、变质岩及坚硬的厚层沉积岩，围岩的稳定性好，可以修建大型的地下工程。

软弱岩石如凝灰岩、粘土岩、页岩、胶结不好的砂砾岩、千枚岩及某些片岩等，稳定性差。

松散及破碎岩石稳定性极差，选址时应尽量避开。

此外，岩层的组合特征，对围岩的稳定性也有重要影响。软硬互层或含软弱夹层的岩体，稳定性差。层状岩体的层次愈多，单层厚度愈薄，稳定性愈差。均质厚层及块状岩组，稳定性好。

（三）地质构造

地质构造是控制岩体的完整性及渗漏条件的重要因素。选址时应尽量避开地质构造复杂的地区，否则会给工程带来困难。如意大利的辛普朗隧道，长 20 多 km，由于地层严重褶皱、倒转并伴有大型的逆断层，岩石破碎，施工中多次产生塌方，经多次停工处理后才打通。

1．褶皱的影响

褶皱剧烈地区，一般断裂也很发育，特别是褶皱核部岩石的完整性最差。如图 6－46 所示，向斜核部，辐射状张裂隙将岩石切割成上窄下宽的楔形块体，洞室开挖后顶部易于掉块坍塌。另外，向斜核部还经常有地下水，对围岩稳定与施工不利。背斜核部比向斜稍好，虽也有辐射状张裂隙，但其切割的岩块上宽下窄，较为稳定。但应注意，挤压强烈的褶皱，不论背斜或向斜，核部岩石均较破碎，稳定性差。因此，地下洞室不要沿褶皱核部布置，应选择在褶皱翼部。

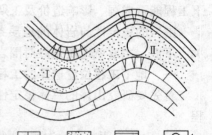

图 6－46　位于褶皱核部的隧洞示意图
1—灰岩；2—砂岩；3—页岩；4—隧洞

2．断裂的影响

断层破碎带及断层交汇区，稳定性极差，地下掘进如遇较大规模的断层，几乎都要产生塌方甚至冒顶。因此，选址时应尽量避开大断层。

3．岩层产状的影响

1）洞室轴线与岩层走向垂直：这种情况，围岩的稳定性较好，特别是对边墙稳定有利。

2）洞室轴线与岩层走向平行：在水平或缓倾岩层中，应尽量使洞室位于厚层均质岩层中［图 6－47（a）］，若切穿不同岩性时，应选择坚硬岩层作为顶板，不能使软弱岩层展布于洞顶。例如，水槽子地下厂房，由于岩体中有凝灰岩夹层，影响边墙和顶拱的稳定，选址时将洞室移至夹层以下 25m。

在倾斜岩层中布置洞室［图 6－47（b）］，基本上也应遵循上述原则。洞室与直立岩层平行［图 6－47（c）］一般是不利的，这时更要将洞室选在完整坚硬的岩层中。

此外，岩层的倾角对稳定性也有影响（表 6－13），选址时应结合其它因素综合考虑。

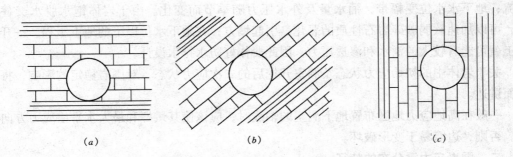

（a）   （b）   （c）

图 6-47　隧洞轴线与岩层走向平行时布置示意图

（a）水平或缓倾岩层；（b）倾斜岩层；（c）直立岩层

表 6-13　　　　　　　　　　岩层（或节理）产状对围岩稳定的影响

走向与隧洞轴线垂直				走向与隧洞轴线平行		倾角小于20° 不考虑走向
顺倾向开挖		逆倾向开挖				
倾角 45°~90°	倾角 20°~45°	倾角 45°~90°	倾角 20°~45°	倾角 45°~90°	倾角 20°~45°	
很有利	有 利	一 般	不 利	很不利	一 般	不 利

注　据 Bienia Wski，1973。

（四）地下水

地下水对岩体的不良影响在前面的一些章节已做过论述。地下工程施工中的塌方或冒顶事故，常常和地下水的活动有关。所谓"治塌先治水"就是一条非常重要的经验。

因此，在地下工程选址时，必须对山体的水文地质背景作出评价。

不同用途的地下工程，对地下水位的要求也不同。一般作为洞库或工业使用的地下工程，为减少防渗防潮工作量，都尽量布置在地下水位以上。抽水蓄能工程、水下隧道及水封油库等则布置在地下水位以下。水电站地下厂房有时也要布置在地下水位以下。

图 6-48 是地下工程和地下水水位关系示意图。在包气带中开挖地下工程，雨季可能沿裂隙滴水，旱季较干燥。但是，当地表有大面积稳定的地表水体时，也可能遇到集中的

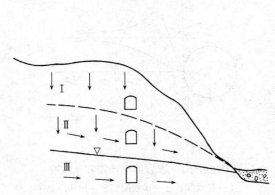

图 6-48　地下工程和地下水位的关系

I—包气带；II—地下水水位变幅带；III—常年地下水流带

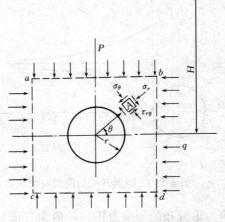

图 6-49　洞室围岩中某点的应力状态

渗流；地下水水位变幅带，涌水量及外水压力随季节而变化。由于岩体饱水脱水交替变化，可以加速软弱破碎岩石性质的恶化，引起塌方；在地下水位以下的地下工程，一开始施工就可能有较大的涌水和渗透压力，因此要作好防水排水设计。

关于岩体中的初始应力状态及洞室开挖后的二次应力状态，对围岩稳定的影响，将在下面讲述。

一般在高地应力地区布置地下洞室的轴线时，应该使其最好和最大水平主应力方向平行。否则，边墙易于变形破坏。

二、围岩应力重分布的特征

地下洞室开挖前，岩体内的应力状态，称为初始应力状态。开挖后，使岩体内能量得到释放，从而在洞周一定范围内引起应力重新调整，形成新的应力状态，该应力可称为二次应力或围岩应力。

直接影响围岩稳定的是二次应力状态，它与岩体的初始应力、洞室断面形状及岩体特性等各种因素有关，确定方法比较复杂。简单情况下，假定岩体为弹性介质，对于侧压力系数 $\lambda=1$ 的圆形洞室，围岩中任一点的应力（图6-49）可用下式计算：

$$\sigma_r = \sigma\left(1 - \frac{r^2}{R^2}\right) \tag{6-17}$$

$$\sigma_\theta = \sigma\left(1 + \frac{r^2}{R^2}\right) \tag{6-18}$$

式中　σ_r——径向应力；

　　　σ_θ——切向应力；

　　　σ——初始应力；

　　　r——洞室半径；

　　　R——某点至洞室中心的距离。

从上式可知，当A点处于洞壁，即$R=r$时，则$\sigma_r=0$，$\sigma_\theta=2\sigma$。因此，围岩应力重分布的特征，是径向应力减小，切向应力集中（图6-50）。

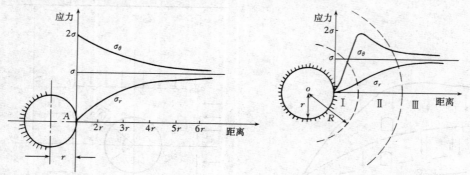

图6-50　隧洞开挖后洞周应力状态　　　　图6-51　围岩的松动圈和承载圈
　　　　　　　　　　　　　　　　　　　Ⅰ—松动圈；Ⅱ—承载圈；Ⅲ—初始应力区

应力重分布的影响范围，一般为三倍洞径左右（图6-51），在此范围之外，岩体仍处于初始应力状态。通常所说的围岩，就是指洞周受应力重分布影响的那一部分岩体。

洞室开挖后围岩的稳定性，取决于二次应力与围岩强度之间的矛盾。如周边应力小于岩体的峰值强度（脆性岩石）或屈服极限强度（塑性岩石），围岩稳定。否则，周边岩石将产生破坏或大的塑性变形。围岩一旦松动破坏，如不加支护，则会向深部发展，形成具有一定范围的应力松弛区，称为松动圈。在松动圈形成过程中，原来周边集中的高应力逐渐向深处转移，形成新的应力增高区，该区岩体被挤压紧密，成为一个持力层，称为承载圈。此圈之外为初始应力区（图6-51）。

应当指出，如果岩体非常破碎软弱，则洞室开挖后，由于塑性松动圈的不断扩展，自然承载圈很难形成，围岩始终处于不稳定状态。如果岩石坚硬完整，周边应力小于岩体强度，则围岩稳定，不能形成松动圈。

三、围岩变形破坏的类型

（一）脆性破裂

在坚硬完整岩体中开挖洞室，一般围岩是稳定的。但是，在高地应力区，经常遇到岩爆现象。

例如，某水电站引水隧洞 $2^\#$ 支洞，围岩为石灰岩、白云岩，抗压强度 $50\sim100\mathrm{MPa}$。由于地应力高，最大主应力高达 $21\mathrm{MPa}$，因而在掘进中发生了多次岩爆，单次岩爆面积最大为 $84\mathrm{m}^2$，岩爆方量最大达 $40\mathrm{m}^3$，崩离岩片最大厚度达 $1\sim2\mathrm{m}$，严重危害了人身和设备的安全。

（二）块体滑动和塌方

块状结构围岩的变形与失稳，主要表现为沿结构面的滑移掉块，其稳定性主要取决于结构面组合后所切割的分离块体的形状、结构面的光滑程度及是否夹泥等。当分离块体出露于洞顶时，尖棱朝下的楔形体 [图6-52（b）] 较尖棱朝上者 [图6-52（a）] 稳定。若上述块体出露于洞壁时 [图6-52（c）、(d)]，其稳定性与上述情况相反。

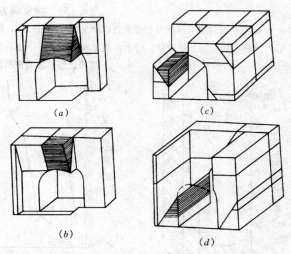

图6-52　分离块体在洞顶及侧壁出露的情况

（a）尖棱朝上的洞顶楔形体；（b）尖棱朝下的洞顶楔形体；
（c）尖棱朝下的洞壁楔形体；（d）尖棱朝上的洞壁楔形体

洞室塌方多发生在强烈风化带、断层破碎带及断层交汇区。块状及层状结构岩体中结构面的不利组合，也是造成塌方的原因。常见的洞室塌方类型，如图6-53所示。

据统计，塌方长度和高度与岩性、岩体结构特征及地下水的活动有关。图6-54及图6-55是某电站的统计资料，它反映了岩性与塌方的关系。图6-56是根据467个塌方实例统计的塌方与岩体结构类型的关系。

（三）层状弯折和拱曲

层状弯折和拱曲，是层状围岩变形失稳的主要形式。

平缓岩层，在软弱夹层发育或层很薄时，顶板容易下沉弯曲折断 [图6-57（a）]。

平缓岩层顶板的稳定性还与洞顶有无纵向切割有关，如洞顶被高角度的断层或节理切割，则造成了组合悬臂梁形式，稳定性大为降低。

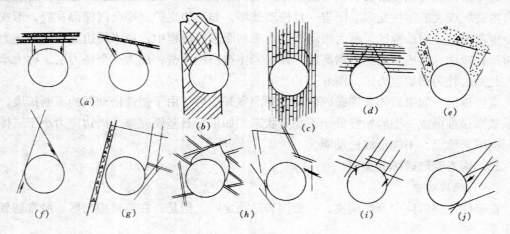

图 6-53　洞室塌方类型示意图

(a) 平缓岩层与高倾角裂隙组合；(b) 大断层带；(c) 软硬相间的直立岩层；(d) 薄层或含软弱夹层的水平岩层；(e) 松散体；(f) 两组节理顶拱交汇；(g) 多组断裂组合；(h) 多组结构面组合；(i) 局部掉块；(j) 边墙被两组结构面切割

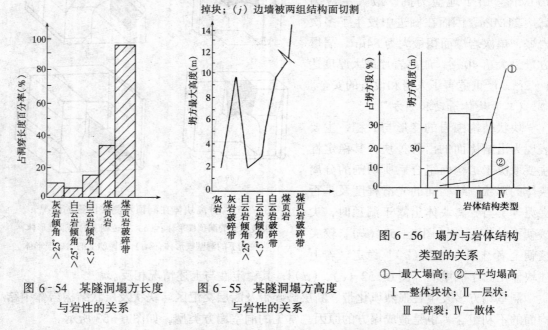

图 6-54　某隧洞塌方长度
与岩性的关系

图 6-55　某隧洞塌方高度
与岩性的关系

图 6-56　塌方与岩体结构
类型的关系

①—最大塌高；②—平均塌高
Ⅰ—整体块状；Ⅱ—层状；
Ⅲ—碎裂；Ⅳ—散体

在倾斜层状围岩中，顺倾向一侧拱脚以上部分岩层带弯曲折断，逆倾向一侧边墙或顶拱超挖、掉块或滑塌 [图 6-57 (b)]。法国某矿山巷道，岩层倾角 30°～40°，岩性软弱，结果在巷道侧上方形成了很大的倾斜压力，使间距 0.5m 的工字钢支护压垮。

在陡倾或直立岩层中，因洞周切向应力与边墙的岩层近于平行，边墙容易凸帮弯曲 [图 6-57 (c)]。在这种条件下，如洞室轴线与岩层走向有一定交角时，边墙的稳定性将得到改善。

168

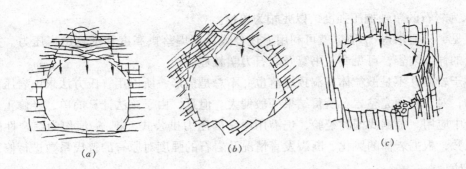

图 6-57 层状围岩变形破坏特征

（a）平缓层状围岩；（b）倾斜层状围岩；（c）直立层状围岩

（四）塑性变形和膨胀

一般松散结构岩体、碎裂结构岩体夹泥及软弱的粘土岩等，洞室开挖后容易产生塑性变形破坏，常表现为洞体收缩、边墙挤入洞内及底板隆起等。

四、山岩压力

洞室开挖后，洞周不稳定岩体作用在支护或衬砌上的压力，称为山岩压力。也有人将这种压力称为围岩压力、地压或岩石压力等。它是围岩与支护间相互作用的力，和围岩应力的概念是不同的。很明显，如洞室开挖后围岩稳定，就不存在山岩压力；不稳定，就需要支护或衬砌。因此，山岩压力值是设计支护或衬砌的依据。

山岩压力的确定方法有松散体理论的计算方法、围岩分类评价法、地质结构分析法及实测方法等。

松散体理论计算方法的前提，是将围岩视为被节理切割而失去内部联接的散粒体，按塌落拱理论计算山岩压力，如普罗托季亚科诺夫（М.М.Протодбяконов）理论和太沙基（K.Terzaghi）理论等。

普氏理论认为塌落拱为抛物线型，当边墙稳定无侧向山岩压力时，洞顶的山岩压力 P 为（图 6-58）：

$$P = \frac{4}{3} \gamma b h \qquad (6-19)$$

式中　γ——岩石容重；

　　　b——洞室跨度之半；

　　　h——塌落拱高度。

塌落拱高度 h 可用下式计算：

$$h = \frac{b}{f_k} \qquad (6-20)$$

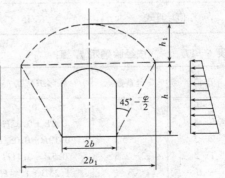

图 6-58　深埋式洞室塌落拱

f_k 为岩石的坚固系数，又称普氏系数。对于岩石 f_k 为：

$$f_k = \frac{R}{10} \qquad (6-21)$$

R 为岩石的单轴抗压强度，以兆帕为单位。

可见，只要求得 f_k 值，就可利用上述公式计算塌落拱高度和垂直山岩压力。关于普氏理论的详细内容，可见专业书籍及岩石力学教程。

由于岩体并不是散粒体，洞顶塌落也并不总是拱形，所以用普氏方法求山岩压力是有缺陷的，对于坚硬完整岩石所得结果一般偏大。但是，由于该法计算简单，经修正后仍可在生产中应用。根据我国的经验，仍沿用原来的压力拱公式，把 f_k 值作为综合性的围岩压力系数，根据岩体的风化、断裂发育情况及岩石的强度对原有的普氏系数进行修正，即 $f_k = a\dfrac{R}{10}$，然后再根据 f_k 值对塌落拱高度进行修正，具体修正方法如下：

1）按岩体风化及断裂发育程度，确定修正系数 a，见表 6-14。

2）按裂隙率确定修正系数 a，见表 6-15。

3）按岩石单轴抗压强度确定 f_k 值，见表 6-16。

表 6-14   **按岩体风化及断裂发育程度确定 a 值**

岩体特征	微风化岩体	弱风化岩体	裂隙发育	断裂发育	大断层
a 值	0.5~0.6	0.4~0.5	0.3~0.4	0.2~0.3	0.1

表 6-15   **按裂隙率确定 a 值**

裂隙率（%）	0	<2	2~5	5~10	10~20	>20
a 值	1.0	0.9	0.8	0.7	0.6	0.5

表 6-16   **按岩石单轴抗压强度确定 f_k 值**

单轴抗压强度 R（MPa）	>70	30~70	<30
f_k 值计算式	$R/15$	$R/10$	$R/6$~$R/8$

表 6-17   **按经验确定 f_k 值**

f_k 值	安全系数 K	塌落拱高度 h_1
>4	0	0
3~4	1	$0.8B + 0.03H$
2~3	1.5	$0.19B + 0.08H$
1~2	2~2.5	$0.5B + 0.41H$
0.6	3	$1.25B + 1.44H$

注 B 为洞室跨度；H 为边墙高度。

4）按经验确定 f_k 值后，乘以不同的安全系数 K 对塌落拱高度 h_1 进行修正，见表 6-17。

如果洞室围岩被结构面切割成不稳定的分离体时，可用地质结构分析法确定其山岩压力。如图 6-59 所示的情况，单位顶拱的山岩压力 P 为：

$$P = n \cdot 2b\gamma h \qquad (6-22)$$

式中 γ——岩石的容重；

      h——塌落高度；

      b——洞顶塌落宽度之半；

      n——分离体形状系数，对三角形塌落体 $n=0.5$，对矩形、方形塌落体 $n=1.0$。

三角形塌落体的高度易于确定。而对矩形、方形的塌落体高则较难确定，一般取 $h = （1～2）b$。但是，当陡立的结构面夹泥时，塌落高度会成倍增加。如某水电站隧洞直径 4m，进口段石英岩中有一组与洞轴线平行的陡倾夹泥裂隙，施工时塌高 10 多 m，$h \geqslant 5b$。

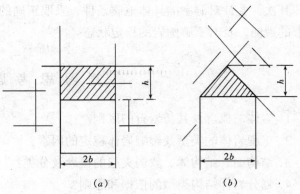

图 6-59 洞顶山岩压力计算模式图
(a) 方块状分离体；(b) 尖顶块分离体

工程需要时，可根据上述公式与普氏公式的关系，反算围岩的 f_k 值：

$$f_k = \frac{2b}{3nh} \qquad (6-23)$$

图 6-60 为边墙不稳定体力的分解图，此时侧壁的山岩压力用下式计算：

$$P = W（\sin\alpha - \cos\alpha \, \text{tg}\varphi）\cos\alpha \qquad (6-24)$$

式中　W——分离体的重量；

　　　α——底滑面的倾角；

　　　φ——底滑面的内摩擦角。

应当指出，上述分离体能否塌落主要取决于结构面的形态和性质。如果结构面不连续、结合牢固或起伏粗糙，分离体可能是稳定的。

以上，从工程地质角度讨论了围岩稳定的一些问题。从中可以看出，地下工程建设，首先要选择一个工程地质条件良好的位置。对于大型的地下洞室，最好在拟建洞室的纵、横两个方向和拱座、洞室腰部等不同部位布置钻孔或探碉，查明空间的地质条件，预测可能出现的问题。如我国某水电站地下厂房，设计跨度 25.4m，边墙高 54m，长 148.5m。经勘测查明了其下游边墙存在一与厂房轴线交角为 25° 的小断层 f_1，摩擦系数为 0.3，f_1 与顶部缓倾节理及两侧陡倾节理构成了不稳定分离体（图 6-61），方量达 2760m³，严重威胁着边墙的稳定。但是，由于事前查明了这个问题，采取了正确的施工方案并对不稳定体进行了锚固处理，保证了边墙的稳定。

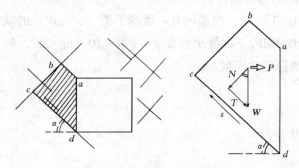

图 6-60　边墙不稳定体力的图解

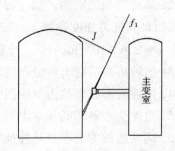

图 6-61　某水电站地下厂房断面示意图

其次，要针对洞室的具体地质条件，采取正确的施工方法和施工步骤。要加强对围岩变形的观测，及时了解围岩的稳定状态。

复 习 思 考 题

1．岩体的概念及其与岩石的区别？

2．工程岩体的类型及影响岩体稳定的因素？

3．结构面、结构体、软弱夹层的概念及分类？

4．划分岩体结构类型的依据和原则？

5．岩体结构类型的分类及其特征？

6．不同结构类型岩体破坏失稳的型式？

7．赤平投影网基圆和半径的角度如何标记？半径的角度刻划是否等分？

8．结构面的上半球赤平投影，其倾向和倾角如何判读？

9．当无投影网时，如何用几何方法制图？

10．已知各结构面的产状为：（1）70°∠70°；（2）270°∠50°；（3）0°∠10°；（4）直立面走向290°，利用吴氏网绘制它们的赤平投影？

11．已知两结构面的产状为290°∠60°和50°∠40°，绘制它们的赤平投影并判读二者交线的产状？

12．坝基岩体稳定一般有哪几个问题？产生这些问题的地质条件是什么？

13．坝基滑动的类型及其产生的地质条件？

14．坝基深层滑动应具备什么条件？什么是起控制性作用的条件？

15．何谓临空面？有几种类型？

16．滑动面通常是由哪些结构面构成的？何种结构面的稳定性最差？

17．滑动面产状对抗滑稳定有何影响？

18．分析归纳深层滑动结构面的组合有几种类型？

19．何谓抗力体？它们在抗滑稳定分析中的作用和意义？

20．重力坝清基开挖的原则？

21．混凝土塞、锚固、灌浆等措施适用的地质条件？

22．某重力坝的断面，如［习题］图 6-1 所示，坝基内有一缓倾下游（$\alpha = 20°$）的软弱结构面，其抗剪强度参数 $\varphi = 23°$、$c = 0.4\text{MPa}$，混凝土密度 $\rho = 2.4 \times 10^{-2}\text{kg/cm}^3$，岩体密度 $\rho = 2.6 \times 10^{-2}\text{kg/cm}^3$，计算其抗滑稳定性系数。

23．边坡形成后应力重分布的特征？

24．边坡变形破坏的力学原因？

25．边坡变形破坏的基本类型及其产生条件？

26．蠕动边坡的类型及其特征？

27．影响边坡稳定性的因素及其作用？

172

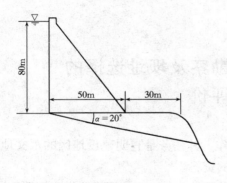

[习题] 图 6-1

[习题] 图 6-2

28. 软弱结构面及结构面交线产状,对边坡稳定性的影响?

29. 有一天然边坡,其走向南北、倾向东、坡角50°。当其被一走向南北、倾向西、倾角20°的软弱结构面切割,边坡稳定性如何?如被同倾向、倾角40°的软弱结构面切割,对边坡稳定性有何影响?将上述条件分别用赤平投影图解表示。

30. 如 [习题] 图 6-2 所示,边坡坡角50°,坡高30m,岩体密度 $\rho = 26000 \text{kg/m}^3$。潜在滑动面倾角30°,$\varphi = 30°$,$c = 0.05\text{MPa}$。垂直裂隙 bc 与 de 相距10m,其中 bc 充满水,de 裂隙中充水10m,试计算分析块体 abc 与 ade 的稳定性。

31. 边坡变形长期观测的目的与意义?

32. 防治边坡变形破坏的原则是什么?主要有哪些防治措施?

33. 山体稳定性如何评价?

34. 在地下工程选址、选线时应考虑哪些地质条件?

35. 结构面产状对边墙和顶拱稳定性的影响?

36. 何谓二次应力?二次应力的主要特征?

37. 何谓围岩?

38. 二次应力与围岩稳定的关系?

39. 松动圈产生的条件及其意义?

40. 围岩变形破坏的类型及其与岩体结构类型的关系?

41. 什么是山岩压力?

42. 如何评价普氏理论的实用价值?

43. 反算 f_K 值的方法?

第七章　水文工程地质勘察及坝址选择的工程地质评价

水文工程地质勘察是水利建设的一项基础工作，其任务是查明建设地区的水文地质、工程地质条件，为给规划、设计及施工提供必要的资料。

根据国民经济的要求及自然条件，选择适宜的坝址，是水文工程地质勘察所要解决的重大问题之一。

第一节　水文工程地质勘察

水文工程地质勘察包括水文工程地质测绘、勘探、试验、长期观测及资料整理等工作。其工作量和工作深度，随着设计阶段、建筑物的类型及等级、建筑区地质条件的复杂程度不同而不同。

一、水文工程地质测绘

水文工程地质测绘，就是通过野外路线观察和定点描述，将岩层分界线、断层、滑坡、崩塌、溶洞、地下暗河、井、泉等各种地质条件和现象，按一定比例尺填绘在适当的地形图上。

测绘开始时，应在踏勘基础上，选作几条有代表性的地层实测剖面（图7-1），以便了解测区内岩层的岩性、厚度、接触关系及地质时代，建立正常层序，为测绘填图工作提供标准和依据。

测绘路线的布置，基本上有三种类型：

1．横穿越法

横穿岩层走向观察，能较快的查清岩层的分布和地质构造，可以定出各种地质界线的位置。它适用于各种比例尺的地质测绘，尤其是小比例尺的测绘。

2．界线追索法

即沿着各种地质界线延伸方向进行追索，工作量大，但成果精度高。为查明一些重要的地质问题，常采用这种方法。

3．全面查勘法

按网格均匀布点并全面追索各种地质界线，大比例尺的地质测绘采用这种方法。

二、勘探

勘探工作主要的目的，是查明地表以下的各种地质问题，它是在测绘的基础上进行的。勘探工作主要有钻探、坑硐探和物探等三种类型。

1．钻探

钻探是应用最广泛的一种勘探手段，它几乎在任何条件下都能进行，而且可以达到较

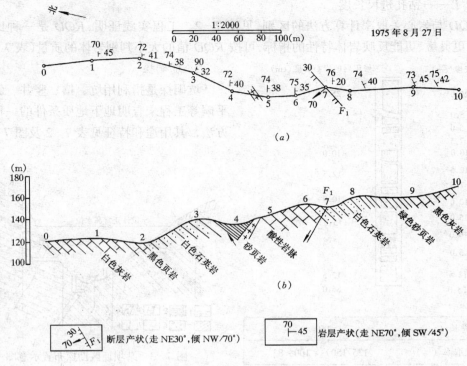

图 7-1 实测地质剖面图

(a) 路线平面图；(b) 实测剖面图

1、2、3……观测点

大的深度。

钻孔照像及孔下电视的应用，可以观察到较弱夹层及破碎带的位置，提高了钻探的效果。在钻孔中还可以进行电法及声波测试，可以较准确地划分钻孔地质剖面、获得岩体的动弹性参数。用孔间穿透波法，还可以确定孔间溶洞的位置。通过钻孔可以揭露地下水位、地下水类型，并利用钻孔还可以进行抽水、压水试验确定岩层的透水性，测定地下水的流速流向等等。

钻探是靠提取岩心来了解深部地质条件的。因此，要保证有一定的岩心采取率。

所谓岩心采取率，是指本回次所取上来的岩心总长度与进尺的百分比，该值主要反映了钻进技术的水平。为了解孔下岩体的完整情况，有时还要统计岩心获得率及计算岩石的质量指标 RQD 值。岩心获得率是指比较完整岩心的长度与进尺的百分比，那些不能拼成岩心柱的碎屑物质不计在内。岩石质量指标 RQD 值，最早是由美国的伊利诺斯大学迪尔（Deere，1964）提出来的，目前在世界各国已得到了广泛地应用。RQD（Rock Quality Designation）是根据修正的岩心采取率决定的，即只计算长度大于 10cm 的岩心，其表达式为：

$$RQD（\%）= \frac{L_p}{L} \times 100$$

式中 L_p——长度大于 10cm 的岩心总长；

175

L——钻孔进尺长度。

RQD 与岩心采取率计算方法的区别,见图 7-2。工程实践证明,RQD 是一种比岩心采取率更灵敏、更能反映岩体特性的指标,可按 RQD 值的大小判别岩体的质量(表 7-1)。

岩心长度(cm)　　修正后的岩心长度(cm)

岩心长度(cm)	修正后的岩心长度(cm)
25.0	25.0
5.0	
5.0	
7.5	
10.0	10.0
12.5	12.5
7.5	
10.0	10.0
15.0	15.0
10.0	
5.0	
12.5	12.5
125.0	85.0

钻孔总长(cm)	150
岩心采取率(%)	$(125/150) \times 100 \approx 83$
RQD(%)	$(85/150) \times 100 \approx 57$

图 7-2　RQD 与岩心采取率的关系

2. 坑硐探

坑硐探是指利用坑、槽、竖井、斜井及平硐等工程来查明地下地质条件的一种勘探方法,其用途和特征见表 7-2 及图 7-3。

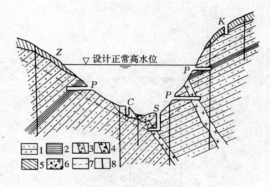

图 7-3　某坝址区勘探布置示意图

1—砂岩;2—页岩;3—花岗岩脉;4—断层带;5—坡积层;6—冲积层;7—风化层界线;8—钻孔;P—平硐;S—竖井;K—探坑;Z—探槽;C—浅井

表 7-1　　　　　　　　　　按 RQD 划分岩体等级

等　级	岩体性质	RQD(%)	等　级	岩体性质	RQD(%)
Ⅰ	好岩体	>90	Ⅳ	较坏岩体	25~50
Ⅱ	较好岩体	75~90	Ⅴ	坏岩体	<25
Ⅲ	中等岩体	50~75			

表 7-2　　　　　　　　　　坑硐探工程的类型及用途

类　型	特　　点	用　　途
试　坑	深数十厘米,形状不定	剥除覆盖层,揭露基岩
浅　井	断面呈方形或圆形,深 5~15m	确定风化层或覆盖层厚度、岩性、取样、做载荷试验或渗水试验等
探　槽	垂直岩层或构造线走向布置,挖掘深度不大的条形槽子	查明覆盖层厚度、岩性、了解坝接头处的地质情况等
竖　井	一般布置在平缓山坡、漫滩、阶地等处,深可超过20m,有时也可以挖成斜井	了解覆盖层厚度、岩性、地质构造、岩溶及滑坡等。有时配合过河平硐,了解河床下面的地质情况
平　硐	适用于较陡的基岩边坡,深度较大	用以查明河谷两岸的地质情况或取样及做原位试验等

3．物探

常用的地球物理勘探方法有电法、重力、磁性、放射性勘探及弹性波测试等。其中后者对了解岩体的完整性、确定岩体的动弹性参数方面应用得比较广泛。

物探具有工效高、成本低等优点。但因为它是一种间接测试方法，具有条件性、多解性的缺点。所以，物探成果需经钻探验正。

三、试验及长期观测

室内外试验，是获得水文工程地质问题定量评价和工程设计所需参数的必要手段。

室内试验项目有岩土的物理力学性质试验、水质分析及模型试验等。

野外原位试验主要有三类：

1．水文地质试验

包括钻孔抽水试验、压水试验、渗水试验、地下水流向流速的测定及岩溶连通试验等。

2．岩土力学试验

如载荷试验、剪力试验、弹模试验等。

3．地基处理试验

如灌浆试验、桩基承载力试验等。

由于某些地质条件和现象，具有随时间变化的特性，因此需要布置长期观测工作。如对于边坡、坝基、地下洞室围岩变形的观测，地下水水位、化学成分及孔隙水压力的观测等。通过长期观测，可以了解岩体变形及地下水变化的规律，预测它们的发展趋势。

四、资料整理

在水文工程地质勘察过程中，对于测绘、勘探、试验等资料，应及时整理并绘制成相应的图表。在工作后期，要全面地综合分析所有的资料，对主要的水文地质工程地质问题作出合理的评价，指出存在的问题及今后工作的重点和方向，并编制完整的报告和相应的图件。

第二节　不同坝型对地质条件的要求

坝的种类很多，由于不同类型坝的结构与工作特点不同，对地质条件的适应性和要求也不同。

坝可分为散体堆填坝和砌石及混凝土坝两大类。前者为允许产生较大变形、适应性较强的结构，对地质条件要求不高；后者则对变形较为敏感，属于相对刚性结构，对地质条件要求较严格。

一、散体堆填坝

散体堆填坝包括土坝及堆石坝，常见的土坝类型如图7-4所示。

土石坝对地基要求较低，由于其断面大，主要靠自身保持稳定。除有活断层、大的顺河断层、巨厚强透水层及淤泥软粘土层等不良条件的地区，不宜建坝外，在其它地区均可修建。土石坝也需做一定的清基处理，以保持坝基的渗透稳定性。

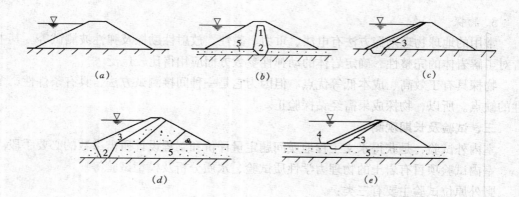

图 7-4　几种常见的土坝类型示意图

（a）均质土坝；（b）心墙坝；（c）斜墙坝；（d）多种土质坝；（e）带铺盖的斜墙坝

1—心墙；2—截水墙或齿墙；3—斜墙；4—铺盖；5—透水层

二、砌石及混凝土坝

浆砌块石及混凝土坝有重力坝、支墩坝及拱坝等类型（图 7-5）。

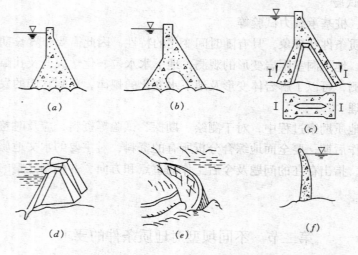

图 7-5　混凝土坝的几种类型

（a）实体重力坝；（b）空腹重力坝；（c）宽缝重力坝；（d）支墩坝；
（e）拱坝（俯视）；（f）拱坝（剖视）

1. 重力坝

重力坝对坝基要求较严格，通常应满足下列要求：

（1）有足够的承载能力　一般当坝高等于 100m 时，坝基的压应力可达 2.5～3MPa；当坝高为 200m 时，坝基最大压应力达 5～6MPa。这样高的压力已远远超过了松散土及某些软弱岩石的强度。因此，重力坝一般要求修在岩基上。重力坝对岩石强度的要求，可参看表 7-3。

（2）岩体的均一性　理想的重力坝基岩性应均一，其强度和变形模量无显著的差别，使应力分配均匀，不产生不均一变形。高坝要求岩体的变形模量要在 1×10^4 MPa 以上，

178

对破碎带、节理密集带等，要求经过处理后达到上述要求。

<table>
<tr><td colspan="4">表 7-3　重力坝对坝基岩石强度的要求</td></tr>
<tr><td>分类</td><td>坝　高
（m）</td><td>岩石湿抗压强度 σ_W
（MPa）</td><td>岩石类别</td></tr>
<tr><td>高坝</td><td>＞70</td><td>＞60</td><td>坚硬岩石</td></tr>
<tr><td>中坝</td><td>30～70</td><td>30～60</td><td>中等坚硬岩石</td></tr>
<tr><td>低坝</td><td>＜30</td><td>5～30</td><td>软弱岩石</td></tr>
</table>

<table>
<tr><td colspan="2">表 7-4　重力坝对坝基透水性的要求</td></tr>
<tr><td>坝　高
（m）</td><td>单位吸水量 ω
[L/（min·m·m）]</td></tr>
<tr><td>＞70</td><td>＜0.01</td></tr>
<tr><td>30～70</td><td>0.01～0.03</td></tr>
<tr><td>＜30</td><td>0.03～0.05</td></tr>
</table>

（3）抗滑稳定性　应尽量避开缓倾角的软弱夹层、断层破碎带等。如不能避开，要求采取抗滑加固处理。

（4）抗渗性　要求岩体透水性小，不产生坝基或绕坝渗漏。重力坝对坝基透水性的要求见表 7-4，达不到这个要求需进行防渗处理。

（5）抗冲刷性　坝下游河床岩体应坚硬完整，具有抗高速水流冲刷的能力。否则，下游冲刷坑会扩展、加深，威胁大坝的安全。

2．拱坝

拱坝是一个整体结构，水压力通过拱的作用传递到两岸，对岩体要求更严格。

拱坝对岩体的要求除了和重力坝的要求相同外，尚需注意下列几点：

1）拱坝对两岸岩体的稳定性要求最高。首先要求两岸地形完整，不能有冲沟切割，要有足够厚的山体保证坝肩的稳定。

2）由于拱坝应力集中，要求两岸及河床岩石新鲜完整，两岸岩体的弹性模量均一，并尽量使岩体与混凝土的弹性模量相近。

3）对两岸发育的与河流大致平行的中、高倾角断层、节理、卸荷裂隙要高度重视。它们不但影响坝肩岩体，在拱轴力作用下变形，还可能与缓倾角结构面相组合，构成滑动块体。

3．支墩坝

支墩坝有平板坝、大头坝和连拱坝等几种类型。

支墩坝主要是支墩应力高，所以对坝基的要求比重力坝高。特别是连拱坝，因为是整体结构，对坝基的要求更严格。平板坝因面板与支墩铰支，易于适应坝基的不均匀变形，因而在较软弱的岩基上也可以建平板坝。

第三节　坝址选择的工程地质评价

坝址选择应遵循"面中求点，逐级比较"的原则。即首先了解整个流域的地质条件，选出一系列可能建坝的河段，根据河流开发方案的要求，进一步研究拟开发河段的地质条件，选出几个坝段进行比较。然后，在选定的坝段内再选择几个坝轴线进行工程地质条件和技术经济比较，选出最适宜的坝址。最后，在选定的坝址区再进行详细的地质勘探和试验工作，彻底查清坝址区的各种地质问题，为大坝的设计和施工提供详细的地质资料。

影响坝址选择的工程地质条件有地形地貌、岩石性质、地质构造、水文地质条件、物理地质作用及天然建筑材料等。其中大部分条件在上述各章中已有所论述，下面再加以补充、集中，综合评述它们在坝址选择中的影响和作用。

一、地形地貌

从地形角度考虑，坝址应选择在河谷狭窄的直线段，河谷宽度以适于工程布置、节省投资及施工方便为原则。

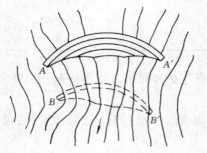

拱坝坝址最好选在峡谷收缩段稍靠上游，即地形在平面呈漏斗状。如图7-6中的 $A-A'$ 与 $B-B'$ 两条坝址相比较，前者两岸拱座山体浑厚，稳定性好，后者右岸坝肩地形单薄，对稳定性不利。

坝址两岸地形应完整，上下游应无深切冲沟。否则会造成单薄分水岭，对防渗和渗透稳定不利。

一般避免在河流急转弯处选择坝址。因为，河流急转弯常常和断层、软弱岩层及滑坡有关。

图 7-6 拱坝坝址与地形

河谷与岩层走向间的关系不同，其筑坝条件也不同。横谷易于选出岩性均一的坝址、防渗封闭条件好、两岸边坡的稳定性也好。纵谷则坝基岩性均一性差、易于产生顺层渗漏、岩层倾向河谷一侧的岸坡稳定性差。

古河道的有无、河床覆盖层的厚度，也是影响坝址选择的一个问题。

河谷的地貌形态，往往能反映某些地质问题。在规划选点阶段及可行性研究的初期，不可能进行大量的地质工作，有时通过对地貌形态的调查，可以为了解某些地质问题提供重要的线索。根据经验，河谷地貌特征可能反映下列一些问题。

1）河谷的线性陡崖、三角面岸坡、纵向谷及冲刷岸，可能存在顺河断层及河床深槽。

2）河床有阶状跌水，相应位置的两岸有较直冲沟分布，该处可能存在活动性的横河断层。

3）陡直岸坡下面有大量崩积物，可能有平行岸边的断层或较发育的岸边卸荷裂隙带。湖南镇、小湾、可可托海及任家堆坝址等，均可见到此种情况。

4）上部由坚硬岩层组成陡坡，下部由软弱岩层组成缓坡的岸坡，容易产生倾倒、崩塌失稳。

5）经过物探或钻探，如发现河床中基岩面比坝址上下游基岩面高，则河床中可能存在窄深槽。

二、岩石性质及地质构造

各类岩石的物理力学性质及其筑坝条件，已在上述章节作过详细论述。

从岩性角度考虑，选坝时应尽量利用岩浆岩、厚层沉积岩及变质岩中的片麻岩、混合岩等作为坝址，避开软弱岩石及含多层软弱夹层的河段。在石灰岩地区选坝，要详细研究岩溶发育的规律，尽量利用隔水层或相对隔水层作为坝址。同时，要查明岩石的风化情况，如风化层很厚，则清基开挖工作量大。

但是，选坝时不能过于偏重岩性，主要应注意研究岩石的完整性。

岩石的完整性主要和地质构造有关。地质构造不仅决定了断裂的发育程度，而且还决定了岩层的产状。选坝时应尽量避开地质构造复杂的地区，避开规模较大的断层。

在褶皱岩层地区选坝，最好不选在褶皱核部，应在褶皱两翼选择岩性坚硬完整，无其它不良地质现象的地段作为坝址，并最好选在岩层倾向上游的一翼（图7-7）。但当岩层倾角较陡时，不论岩层倾向上游或下游，均是良好的坝址。

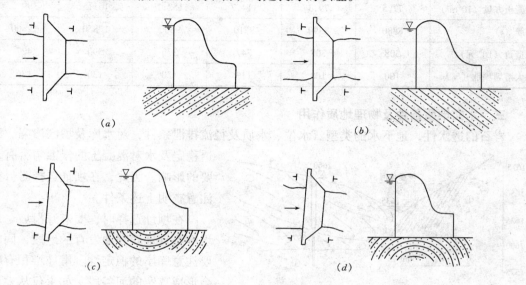

图7-7　褶皱地区横向谷中的坝址

（a）倾向上游的坝址；（b）倾向下游的坝址；（c）向斜核部的坝址；（d）背斜核部的坝址

柘溪水电站的坝址选择，是考虑岩性及地质构造影响的一个例子（表7-5）。在6个比较坝址中，有3个因位于褶皱轴部，裂隙发育，清基深度大，都放弃了。对口溪及大埠溪坝址均为顺向谷，前者邻近大断层，后者坝基岩性不均一风化剧烈，也放弃了。最后选定了大溶塘坝址。

表7-5　　　　　　　　　　　　　柘溪水电站坝址选择比较表

坝址名称 （上游→下游）	对口溪	大溶塘	蒋家湾	金家湾	船形岭	大埠溪
岩石	坚硬砂岩	坚硬砂岩	冰碛岩、炭质页岩	粗砂岩、页岩	粗砂岩	粗砂岩、冰碛岩、页岩
构造部位	单斜	单斜	向斜轴部	背斜轴部	左岸为背斜轴部	单斜
岩层走向	平行河谷	垂直河谷	平行河谷	平行河谷	平行河谷	
断裂	上游邻近大断层	裂隙发育	裂隙特别发育	复杂破碎	破碎	风化剧烈
库容（$10^9 m^3$）	1.48	1.56	1.62	1.65	1.65	1.72
装机（10^4千瓦）	32.1	33	36	36	36	38
导流方式	分期围堰	隧洞导流	分期围堰	分期围堰	分期围堰	分期围堰
场地布置	较困难	最困难	较方便	方便	方便	最方便
开挖深度（m）	15～20	15	25	20～25	20	25

坝 址 名 称 （上游→下游）	对口溪	大溶塘	蒋家湾	金家湾	船形岭	大埠溪
开挖土石方（$10^4 m^3$）	110.2	74.4	90.1	70	136.4	141.8
混凝土方量（$10^4 m^3$）	77.5	79.3	114.7	152.1	161.5	199.2
钢筋（t）	8880	8390	9710	9600	17850	12660
总造价（10^6 元）	308	308	347	370	390	427
占大溶塘坝址（%）	100	100	113	120	130	139

三、水文地质条件及物理地质作用

岩石的透水性，地下水的类型、水位、水质及径流排泄条件，对水库及坝区渗漏、渗透稳定及水对混凝土的侵蚀与否有重要的影响。因此，在坝址选择时，要注意查明上述条件。

在坝址选择时，要避开滑坡、崩塌等物理地质现象发育的地段，同时要注意库岸的稳定性。滑坡堆积有时会形成狭窄的河谷段，如果仅从地形考虑可能会造成失误。如法国罗曼什河的一个窄谷段，原拟选为坝址，后经钻探发现，右岸为一滑坡体，并在

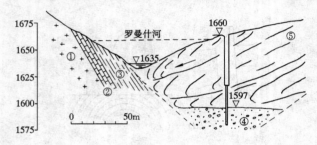

图 7-8 罗曼什河滑坡形成的峡谷段地质剖面图
①—花岗岩；②—砂岩；③—石灰岩；④—砂砾石层；⑤—滑坡体

其下还埋藏有古河道的砂砾石层（图 7-8），故予以放弃。

四、天然建筑材料

天然建筑材料，是指各种石料、砂砾石及土料等。大型水工建筑物往往需用千百万 m^3 的天然建筑材料。天然建筑材料的类型、数量、质量及料场的远近运输条件等，对坝型的选择及造价有重要的影响。因此，天然建筑材料也是坝址选择时必须考虑的重要条件之一。

土料主要是土坝和防渗墙的用料。适于修建均质土坝的土料，是透水性弱、抗剪强度高的壤土。其中以粘粒含量为 10%～30%、塑性指数为 7～17、渗透系数小于 10^{-4} cm/s、天然含水量接近最优含水量的壤土最为适宜。一般最优含水量相当或略大于塑限，野外鉴定时可用手抓一把土、紧捏成团但不粘手，摔在地上又能散开，这时土料含水量接近最优含水量。此外，要求土料中有机质含量不超过 5%（按重量计），易溶盐含量不超过 8%。

作为防渗心墙、斜墙或铺盖的土料，应是渗透性极小的粘性土。一般要求其渗透系数至少比坝壳小 1000 倍，不应大于 10^{-5} cm/s，并应有足够的塑性以适应坝基或坝体产生变形时不致形成裂缝。粘粒含量为 15%～30% 或塑性指数为 10～17 的中壤土、重壤土及粘粒含量为 30%～40% 或塑性指数为 17～20 的粘土都适宜。粘粒含量大于 40% 或塑性指数

大于 20 的肥粘土最好不用，因为它易于干裂且难压实。防渗体对杂质含量的要求比坝身材料严格，一般有机质含量应小于 1%、易溶盐含量不大于 3%。

非均质土坝的坝壳可用各种土料、砂砾料及部分风化料。

块石料用于堆石坝、砌石坝或护坡砌面等。砂砾石料主要作为混凝土骨料。

一般块石料应选用抗风化和抗水性能强，抗压强度大于 50 兆帕，软化系数大于 0.85 的坚硬岩石。

作为混凝土骨料的砂、卵石、碎石，应不含云母、硫酸盐、蛋白石、云母及粘土等杂质。

最后应该指出，坝址选择是水利水电建设中的重大决策问题。它不仅取决于工程地质条件，还受淹没搬迁、枢纽及施工场地布置、交通条件等多种因素的制约。选择坝址时，应在地质勘察的基础上，由地质、水工及施工等几方面人员共同研究确定。

五、坝址选择例析

书末附图一、附图二、附图三是参考了某实际工程，为教学编制的清水河水库库区及梅村坝址区地质图（引自清华大学地质教研组）。

（一）地质条件

1. 地层岩性

（1）志留系（S）　紫红色及黄绿色砂页岩，局部千枚岩化。

（2）泥盆系（D）　厚层灰绿色砂岩夹石英砂岩，下部夹数层页岩。

（3）石炭系（C）　石英砂岩，底部为硅质砾岩。

（4）二迭系（P）　上部炭质页岩夹煤，下部为石灰岩。

（5）燕山期花岗岩（r）　肉红色、坚硬。

（6）第四系（Q）　砂砾石及壤土。

2. 地质构造

本区由一系列轴向 NE50°的褶皱组成。岩层走向 NE，倾向 NW 或 SE，倾角 30°～40°。主要断层有五条：F_1 孤山冲断层，F_2 龙潭沟逆掩断层，F_3 白石岭平推断层，F_4 羊坊平推断层及 F_5 老鹤沟平推断层。其中 F_2 为区域性大断层，走向 NE50°、倾向 SE、倾角 30°左右，破碎带宽 3～4m。

3. 水文地质条件

在山间盆地及河谷松散堆积物区为潜水区，石灰岩分布区为岩溶水，砂岩为强裂隙水区，花岗岩为弱裂隙水区，志留系砂页岩构成了本区的隔水层。

泉水多为下降泉，出露高程均在水库正常蓄水位以上。

4. 物理地质现象

本区冲沟、岩堆、泥石流、崩塌及滑坡均有分布，在羊坊比较坝址右岸有滑坡体。

（二）坝段选择

清水河流出盆地后，自牛头山至白石岭一带均是由坚硬岩石组成的峡谷段，具有建坝的可能，初步选定羊坊和梅村两个坝段进行比较。

羊坊、梅村两个坝段的工程地质条件见表 7-6。

表 7-6　　　　　　　　　　　　**羊坊及梅村坝段的工程地质条件**

坝段	地　貌	岩性及构造	水文地质条件	物理地质现象
羊坊坝段	谷底高程 30m, 两岸山头高程 400m 以上。正常蓄水位 80m 时,谷宽 480m, 右岸较陡,左岸有阶地。	泥盆系黄绿色砂岩,泥质胶结,夹薄层页岩。岩层走向 NE67°, 倾向 SE, ∠32°。岩石风化深 10～20m, 河床覆盖层厚 10m。左岸有 F_4 断层通过	岩层倾向下游,裂隙发育,易产生坝基渗漏。相对隔水层深度 30～40m	右岸坝肩有滑坡体
梅村坝段	谷底高程 20m, 两岸 400m 以上。谷宽较窄,正常蓄水位 80m 时宽 260m	左岸河床为泥盆系石英砂岩,右岸为黄绿色砂岩。岩层走向 NE70°, 倾向 NW, ∠30°。坝上游及右岸下游有 F_1 及 F_3 断层,但距坝均较远。河床覆盖层厚 5～10m, 风化层厚约 10m	岩层倾向上游,故页岩可起隔水作用。相对隔水层深在 20m 左右。右岸通过 F_3 断层可能产生绕坝渗漏,需处理	

经比较后可知,羊坊坝段峡谷比梅村坝段宽,且岩石为泥质胶结的砂岩并夹薄层页岩,岩层倾向下游,左岸有 F_4 断层,右岸有滑坡体,工程地质条件复杂;梅村坝段岩层倾向上游,岩石为硅质胶结的石英砂岩,两岸无滑坡、崩塌等不良的物理地质作用。因此,梅村坝段明显优于羊坊坝段。

(三) 坝线选择

梅村坝段共提出三条坝线供比较,其详细情况见表 7-7。

从表 7-7 可以看出,第一坝线的条件优于其它两个坝线,左岸虽有 f_1、f_2、f_3 小断层切割 (附图三),但断层宽仅 10cm 左右,且多为岩脉充填,两盘岩石亦较完整,对稳定和渗漏影响不大。

因此,最后选定第一坝线为最优坝线。可以在此进行更深入的地质工作,为设计和施工提供更详细的地质资料。

表 7-7　　　　　　　　　　　　**梅村坝段各坝线比较**

坝线	谷　宽	岩性及构造	水文地质条件	物理地质作用
第一坝线	正常蓄水位时谷宽 260m	河床覆盖层厚 1～5m。基岩为泥盆系砂岩,左岸及河床为石英砂岩,右岸为黄绿色砂岩。岩石 σ_c = 100MPa 以上。左岸有 f_1、f_2、f_3 小断层	$\omega \leqslant 0.01L/$ (min·m·m) 的界线深 20m 左右	风化深度 5～10m
第二坝线	正常蓄水位时谷宽 350m	河床覆盖层厚 8～10m。基岩为泥盆系石英砂岩,裂隙发育,有 T_2、T_3、T_4 等大裂隙,岩体完整性差	相对隔水层界线深约 20～30m	风化深度 10～15m
第三坝线	正常蓄水位时谷宽 310m	河床覆盖层厚 10～12m。坝基岩石为黄绿色砂岩夹页岩。右岸有一大破碎带	相对隔水层界线深约 30～40m	风化深度 10～20m

复习思考题

1. 水文工程地质勘察包括哪些工作内容? 应取得哪些地质资料?
2. 岩心采取率及岩心获得率如何统计? RQD 值如何确定,有何实际意义?
3. 坑、槽、硐探布置的原则?

4. 分析比较 [习题] 图 7-1 中各坝址的优劣?

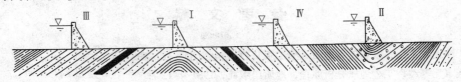

[习题] 图 7-1 坝区剖面图

5. 分析 [习题] 图 7-2 中各坝线的工程地质条件,选出最优的坝线。

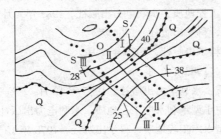

Q 第四系壤土及砂卵石层

S 志留系石英砂岩、粉砂岩 及页岩

O 奥陶系岩溶化石灰岩

28 岩层产状要素

[习题] 图 7-2 坝线工程地质条件

6. 分析 [习题] 图 7-3 中 F 断层对各坝线建坝的影响。

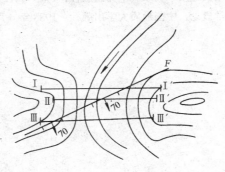

[习题] 图 7-3 断层对坝线的影响

参 考 文 献

[1]　天津大学主编，水利工程地质（第二版），水利电力出版社，1985 年 12 月

[2]　张卓元等编，工程地质分析原理，地质出版社，1981 年 12 月

[3]　胡广韬等编，工程地质学，地质出版社，1984 年 10 月

[4]　水利电力部水利水电规划设计院主编，水利水电工程地质手册，水利电力出版社，1985 年 4 月

[5]　长江流域规划办公室编，岩石坝基工程地质，水利电力出版社，1982 年 12 月

[6]　湖南省水利水电勘测设计院编，边坡工程地质，水利电力出版社，1983 年 4 月

[7]　王思敬等，地下工程岩体稳定分析，科学出版社，1984 年

[8]　孙玉科等编，边坡岩体稳定性分析，科学出版社，1988 年 2 月

[9]　张咸恭编，工程地质学，地质出版社，1983 年 6 月

[10]　清华大学主编，工程地质及水文地质，水利电力出版社，1985 年 10 月

[11]　长春地质学院工程地质教研室编，中小型水利水电工程地质，水利电力出版社，1978 年 6 月

[12]　湖南省水利电力勘测设计院，中小型水库工程地质，科学出版社，1978 年 12 月

[13]　宋春青等编，地质学基础，高等教育出版社，1982 年 10 月

[14]　任天培等编，水文地质学，地质出版社，1986 年 6 月

[15]　湖北省电力学校主编，水文地质学，水利电力出版社，1979 年 12 月

[16]　区永和等编，水文地质学概论，中国地质大学出版社，1988 年 6 月

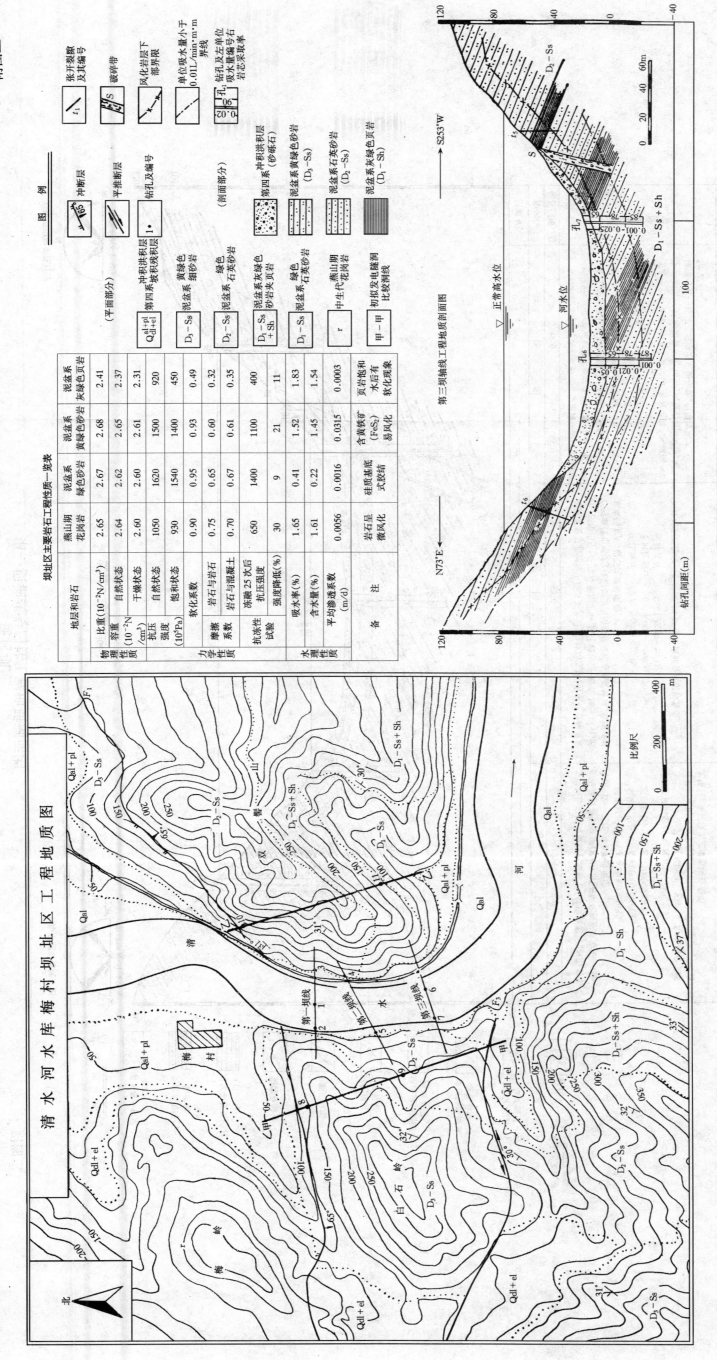

附图二

清水河水库梅村坝址区工程地质图

坝址区主要岩石工程性质一览表

第三坝轴线工程地质剖面图

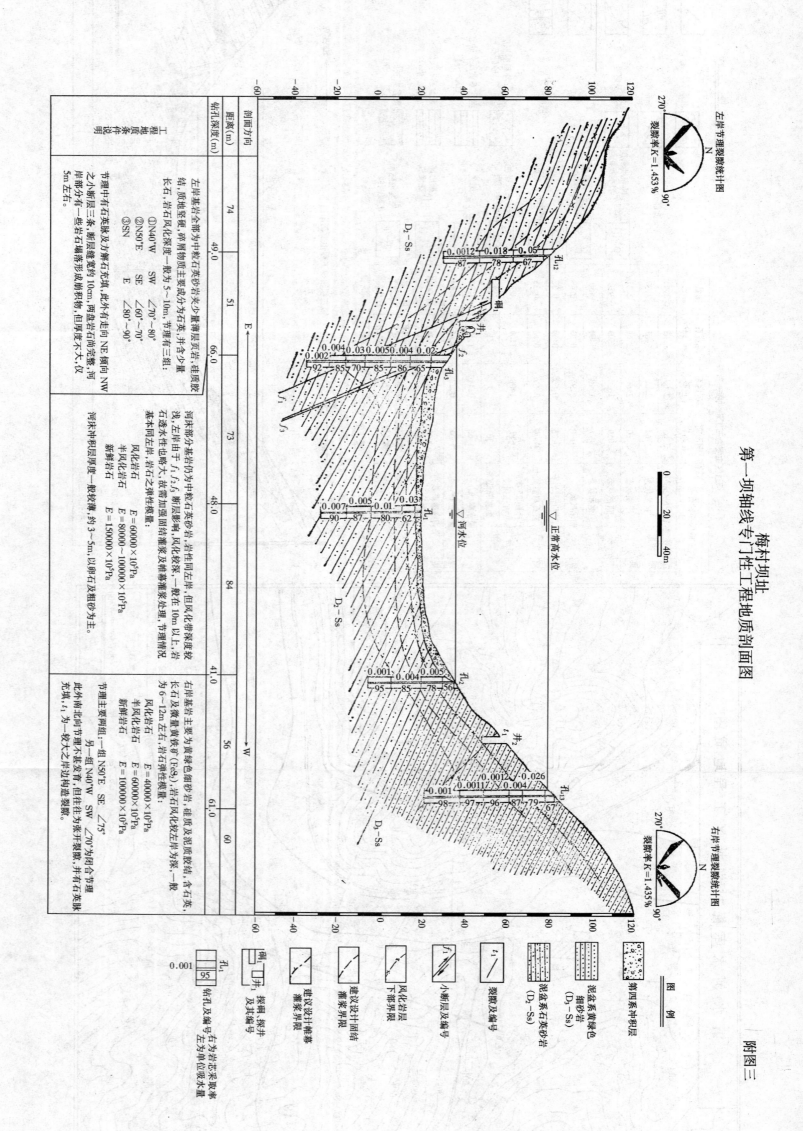

梅村坝址

第一坝轴线专门性工程地质剖面图

附图三